基礎環境化学

持続可能な社会を目指して

中村朝夫・村上雅彦・沖野龍文

共著

培風館

は じ め に

　地球温暖化への対策が国際社会の大きな課題となり，極端な降水による大規模な洪水や異常な乾燥による広範囲の森林火災に人々は不安を感じています。その中で，環境について科学的に学ぶことの意味は，かつてないほど明確になっています。

　産業革命以降これまでの化学者や化学技術者は，どちらかといえば，次々と新しい物質を生み出すことが豊かな生活につながると信じて，研究開発に邁進してきました。しかし，その結果，彼らの創り出した様々な物質が地球の環境維持システムに大きな負荷を与え，現在，地球環境のバランスを大きく崩しつつあります。筆者も長く化学者として教育・研究を行ってきましたが，筆者にも，自分もその流れを変えるどころか，その流れを早める方に加担してきたのではないかという反省があります。

　最近，SDGsの17の目標を意識した活動が活発に行われるようになっています。SDGsのSはサステイナブル(持続可能な)の頭文字です。これからの化学は，地球環境の持続可能性を目指すものでなければなりません。地球全体という大きなシステムが破綻することなく続くように，物質とエネルギーの流れを設計し直さなければなりません。

　本書は「環境化学」と銘打っていますが，環境化学を専門とする学部学科の学生だけでなく，広く理工系全体の，基礎教養科目として化学を学ぶ学生の教科書としても使えるように作られています。これからの科学技術を担う理工系の学生には，ぜひ，私たちの生命に適した地球の環境がどのように確立され，私たちの生活や産業がその環境にどのように影響しているかを理解し，持続可能性の実現のために今何をすればよいのかを考えてもらいたいと思います。本書はそのための材料を提供します。

　本書には，化学の基本的な知識や原理を学ぶ部分もありますし，専門的な環境化学を学ぶための基礎となる，やや発展的な部分も含まれています。本書を教科書として使われる先生は，教える対象の学生に合わせて，これらの部分を取捨選択して使っていただければと思います。

i

　筆者が「環境化学」の授業を担当するようになったきっかけは，アメリカ化学会のプロジェクトで作成された「実感する化学」という教科書との出会いでした。2015 年に刊行された邦訳改訂版 (原著第 8 版) は，「持続可能な未来のための化学」という章で始まっています。アメリカでは，この教科書は現在も刊行されていますが (2022 年現在，原著第 10 版)，この意欲的な教科書を作り上げ，作り続けてきたアメリカの著者一同と，原著第 5 版と第 8 版を翻訳された廣瀬千秋博士に，尊敬と感謝の意を表したいと思います。

　本書の企画から出版まで，COVID-19 の蔓延と付き合いながら，4 年超の歳月を要しました。この間，辛抱強く激励を続けてくださった培風館の斉藤淳氏に，心から感謝いたします。

　　2023 年 4 月

著者を代表して

中村朝夫

目　　次

1 地球環境の成り立ち

　地球は宇宙の一部であり，宇宙がそうであるように地球も元素によって構成されている。したがって，地球の環境も元を正せば元素の性質や挙動によって生み出されていることになる。では，元素はいつ，どこで，どのように作られたか？ また，地球の環境は太陽系の中でともに形成された他の惑星と，なぜこれほどまでに違っているのだろうか？ 本章では，宇宙と元素の生成から地球環境の確立までの流れと，地球を構成する基本的な物質の構造や性質を通して，地球環境の成り立ちについてみてみよう。

1.1　宇宙と元素の進化 (ビッグバン理論)

　地球は，太陽系とよばれる銀河システムに含まれ，恒星である太陽の 8 個の惑星のうちの 1 つである。銀河は，恒星，衛星，星間物質に加え，ダークマター (暗黒物質) とよばれる未解明の物質などが重力によって拘束された天体で，宇宙には兆を超える数の銀河が存在すると推定されている。

　宇宙は，約 138 億年前に**ビッグバン**とよばれる宇宙の大膨張によって形成されたと考えられる。この考え方はビッグバン理論 (インフレーション宇宙論) とよばれ，おもに天文学 (**ハッブル–ルメートルの法則**，1929 年)，地球化学 (元素宇宙存在度 (ゴルトシュミット，1938 年))，原子物理学 (火の玉宇宙説 (ガモフ，1948 年)) など，異なる分野の知見をもとに確立している。また，この理論は，宇宙を構成する物質の最小単位である元素も，宇宙の進化の過程で形成・進化してきたことを示している。

1.1.1　ハッブル–ルメートルの法則

　ハッブル (E. P. Hubble) は，18 個の銀河の観測を行い，銀河の暗線スペクトルの波長シフト (赤方偏移) からドップラー効果に基づいて計算された各銀河の後退速度が，地球から各銀河間の距離と

$$v = H_0 \, d$$

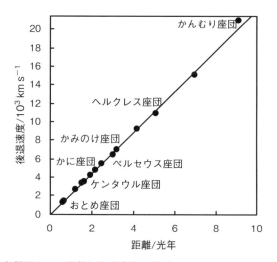

図 1.1　各銀河までの距離と後退速度の関係
(出典：国立天文台編，理科年表 2019，丸善出版，2018 をもとに作成)

で示される比例関係を示す。ここで，v は後退速度，H_0 はハッブル定数 $(70.5 \pm 1.3\,\mathrm{km/s/Mpc}^{\dagger})$，$d$ は距離である (図 1.1)。すなわち，「銀河は地球からの距離に比例した速度で互いに遠ざかっている」ことを発見し，これをもとに「宇宙は等方的に膨張しながら冷え続けている」と解釈した (1929 年)。これについては，これ以前にルメートル (G. Lemaître) が相対性理論に基づいた予測として提案していたため，**ハッブル–ルメートルの法則**とよばれる。

　ハッブル定数 H_0 は，単位を整理すると約 7.5×10^7/年となり，時間の逆数の次元をもつ。H_0 の逆数はハッブル時間とよばれ，ビッグバン開始から現在まで経過時間に相当し，2013 年の値で 137.99 ± 0.21 億年となる。一般にこれを**宇宙の年齢**という。

1.1.2　ビッグバンによる元素合成

　ジョージ・ガモフ (G. Gamow) は，当時の原子物理学の観点から，膨張開始直後の宇宙の状態を，「宇宙は大きさ ≒ 0，超高圧・超高温で高密度の各素粒子とエネルギーが充満し，その中で核融合による元素生成が行われた」とした (**火の玉宇宙説**，1948 年)。しかし，後にこれだけで存在するすべての元素を合

---

　† 　1 Mpc (メガパーセク) は約 326 万光年を表す。

成することはできないことが明らかになった。

各元素の質量数 (陽子数 + 中性子数) と，核子 (陽子および中性子) 1 個あたりの原子核結合エネルギーとの相関を図 1.2 に示す。質量数 56 の鉄 (Fe) までは，リチウム (Li) からホウ素 (B) を除けば質量数が大きい核種，すなわち原子番号が大きく重い元素ほど結合エネルギーが高く安定であるが，Fe を境に逆転し，重い元素ほど不安定になる傾向を示す。したがって，Li から B を除いてFe より軽い元素は，核融合により陽子数を増やしてより重い元素となることで安定化する。これに対し，Fe より重い元素および $_3$Li～$_5$B については，核融合で自発的に形成されることはない。

水素 ($_1$H，陽子) からヘリウム ($_2$He) を生成する核融合 (陽子-陽子連鎖または熱核反応) を以下に示す。

$$\mathrm{p} \ + \ \mathrm{p} \ \longrightarrow \ \mathrm{D} \ + \ \beta^+ \ + \ \nu \ + \ 0.164\,\mathrm{MeV}$$

$$\beta^+ \ + \ \beta^- \ \longrightarrow \ 2\gamma \ + \ 1.022\,\mathrm{MeV}$$

$$\mathrm{D} \ + \ \mathrm{p} \ \longrightarrow \ {}^3\mathrm{He} \ + \ \gamma \ + \ 5.494\,\mathrm{MeV}$$

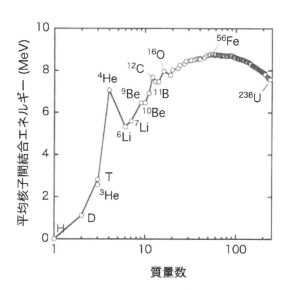

図 1.2 質量数 (陽子数 + 中性子数) による核子あたりの結合エネルギー
(出典：日本地球化学会監修，松田准一・圦本尚義 共編，宇宙・惑星化学 (地球化学講座 2)，培風館，2008 をもとに作成)

$$^3\text{He} + {}^3\text{He} \longrightarrow {}^4\text{He} + 2\text{p} + 12.85\,\text{MeV}$$

まず，陽子 (p) どうしが衝突し，「陽子 1 個と中性子 (n) 1 個」からなる重水
素 (D) を生成する (この際，陽子が中性子に変わるため陽電子 (β^+) とニュー
トリノ (ν) が生じる)。さらに，D に陽子 1 個が衝突して「陽子 2 個，中性子
1 個」からなるヘリウム 3 (^3He) が生じ (この際，余ったエネルギーがガンマ
線 (γ) として放出される)，さらに ^3He どうしからヘリウムの安定核種である
ヘリウム 4 (^4He) が生じ，陽子 2 個が放出される。

これは最初の元素生成過程であり，最も低い温度で可能な核融合プロセスで
あるが，10^7 K 以上が必要である。また，この反応によって約 19 MeV の莫大
なエネルギーが放出され，その一部で次の反応を継続する連鎖反応となる。こ
れは，太陽をはじめとする恒星のエネルギー源となっている。

現在推定されている宇宙と元素の成長過程を，表 1.1 に示す。膨張開始直後
の超高温・超高圧の宇宙が膨張しながら冷えるにつれて，クォークおよびグル
オンから段階的に電子，陽子，中性子，中間子などが生成し，熱核反応 (核融
合) で He の生成が始まる。しかし，宇宙は冷え続けて He の核融合に最低限必
要な 4×10^8 K 程度以下となり，宇宙空間での元素生成は，わずかに Li が生
成されたものの，ほぼ He までで停止したと考えられる。この段階での理論的
な元素存在比は質量比で H 約 75 ％，He 約 25 ％と考えられ，これは現在観測
されている元素存在量 (H 76 ％，He 22 ％) とよく一致している。

ここまでの温度では，物質はすべてイオン化した電離気体 (プラズマ) 状態で
あったが，約 30 万年後，約 4×10^3 K になると，核の電子捕獲による原子の
形成および重力による物質集約 (**物質密度の揺らぎ**) が始まる。これにより，そ

表 1.1　ビッグバン以降の宇宙と物質の変遷

ビッグバンからの 経過時間	温度/K	事項
10^{-11} 秒	10^{15}	素粒子 (レプトン，クォーク，グルーオン，光子など) の生成
10^{-5} 秒	10^{12}	陽子，中性子，中間子の生成
100 秒	10^9	重水素 (D) による He 核の生成
1000 秒	4×10^8	初期核反応の休止
30 万年	3000 K	宇宙の晴れ上がり

(出典：御代川貴久夫著，環境科学の基礎 改訂版，培風館，2003 をもとに作成)

れまでは自由電子によって散乱・吸収されていた光 (電磁波) が宇宙空間を透過するようになったと考えられることから，**宇宙の晴れ上がり**とよばれる。

なお，散乱・吸収されなくなった電磁波は，**宇宙背景放射**として残ると推定されていたが，1964 年にペンジアス (A. Penzia) とウィルソン (R. Wilson) によって 2.73 K (現在の宇宙の平均温度) の黒体放射に一致したスペクトルを示す非常に等方性が高いマイクロ波が発見され，これが宇宙背景放射であると結論された。このことは，H/He 比の一致とともにビッグバンの重要な証拠となっている。

1.1.3 恒星内部での元素合成

ホイル (F. Hoyle) は，不安定な Li〜B 核を経由せずに He 核 3 個から C 核を形成するトリプル α 反応が理論的に可能であることを明らかにした。これによれば，恒星内部での段階的な元素合成が可能であると考え，後述の s 過程，r 過程を含めた恒星による元素合成パターンを提案した (**B2FH 理論**，1957 年)。

Fe までの元素は，図 1.3 の (a)〜(e) のパターンに沿って恒星の成長に伴い，内部での核融合によって段階的に合成されると考えられる。

宇宙空間で，星間物質が集約してできた星雲の中心部が重力で圧縮されて十分な温度 (10^7 K) に達すると，中心で H の核融合 (熱核反応) による He 生成が始まる (a) (恒星の誕生)。中心には次第に生成した He が貯まり，また星の成長に伴って中心温度が上がる (b)。しかし，軽い星では重力が小さく，中心温度がトリプル α 反応に必要な 3×10^8 K に達しないため，(c) 以降に進むことができず，(b) までで反応 (燃焼) は収束する。したがって，恒星がどこまで成

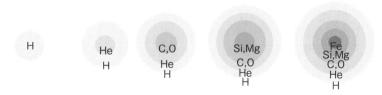

(a) 恒星の誕生　(b) 水素燃焼　(c) トリプル α　(d) C, O 燃焼　(e) Si 燃焼 (超巨星)
中心温度 〜10^7 K　10^7〜10^8 K　3×10^8 K　10^9 K　5×10^9 K

図 1.3　恒星の成長と恒星内部での元素生成
(出典：日本地球化学会監修，松久幸敬・赤木右 共編，地球化学概説
(地球化学講座 1)，培風館，2008 をもとに作成)

長できるか？ は質量で決まり，軽い星 (太陽質量の 3 倍まで) の場合は He の生成 ((b)) まで，中程度 (3～8.5 倍まで) の場合ではトリプル α による C および O の生成 ((c)) までで，核融合は収束する。

　恒星の大きさは，中心での核反応の発熱による膨張と重力による圧縮とのつり合いが負のフィードバックとなって安定化されているため，反応の収束で発熱が弱まると不安定になり，膨張・収縮を繰り返すようになる。その過程で巨大化し，表面温度が下がって赤く見える状態を**赤色巨星**という。太陽の場合，現在 (b) の段階で大きさも安定している (主系列期間) が，あと 50 億年ほどで H が燃え尽き，100 倍ほどに膨張した赤色巨星になると考えられる。赤色巨星は徐々に内部の物質を放出して余熱で高温になっているコアだけが残り，もとの星の 1/100 程度の大きさの**白色矮星**となる。中程度の質量の星も (c) 以上には進めず，同様に赤色巨星または赤色超巨星となるが，不安定になった段階で核反応の暴走により一気に爆発する場合もある (**超新星爆発 I 型**)。

　これらに対し，十分な質量 (太陽質量の 8 倍以上) をもつ場合は，段階的に (e) まで進み，Fe までの元素が層状に堆積した太陽の数千倍の大きさをもつ超巨星となる。なお，質量が大きい星ほど核反応が速く進むために寿命 (赤色巨星化または超新星爆発までの時間) は短く，(b) までで止まる太陽程度の星で約 100 億年，(e) まで進む星で 1000 万年スケールとなる。また，(a)～(e) の各段階に要する期間は，段階が進むにつれて短くなり，(e) の段階は 1 週間程度で終了するとみられる。

　このように，Li から B を除く Fe までの元素が，恒星内部での核融合反応で段階的に生成すると考えられる。なお，Li，Be，B は核融合で定常的に生成されないため，存在量が特異的に少ない。これらの生成過程についてはよくわかっていないが，より重い元素の核が，宇宙空間で放射線 (宇宙線) により破壊される核破砕反応などが考えられている。

　また，H から He 核を生成する経路には，熱核反応の他に C，N，O 核を触媒として $1.4 \times 10^7\,\mathrm{K}$ 以上で起こる **CNO サイクル** (1 および 2) が存在する (図 1.4)。この反応は第 1 世代の恒星では不可能であるが，恒星内部にある程度の量の C，N，O 核が存在する太陽など現在の恒星では，He はおもにこの経路で生成するとみられる。

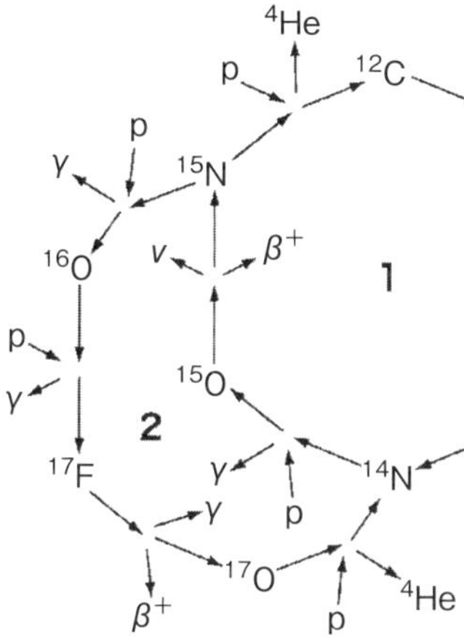

図 1.4　CNO サイクルによる He 合成反応
(出典：日本地球化学会監修，松田准一・圦本尚義 共編，宇宙・惑星化学 (地球化学講座 2)，培風館，2008 より引用)

1.1.4　Fe 以降の元素の生成

　一方，$Z = 26$ の Fe 以降の重元素は Fe より不安定なので (図 1.2)，自発的な核融合では生成しない。これについては，中性子吸収 $\rightarrow \beta$ 壊変 (中性子が陽子に変わる反応) により生成されると考えられ，その過程は大きな質量をもつ星の重力崩壊の短時間の間に起こる r (= rapid な) 過程と，恒星内部でかなりの長時間で進む s (= slow な) 過程に分けられる。

（1）　r 過程

　前述のように，太陽質量の 8 倍以上の質量の星は Fe までの元素を形成して超巨星となるが，Fe 以上の核融合は自発的には進まないため，中心での核融合は収束する。これによって不安定化して一気に重力崩壊を引き起こし，中心部が極限まで圧縮されて最も密度の高い中性子コアに変わる。その際，反跳によって大量のニュートリノ (陽子が中性子に変わる際に発生する)，中性子およびそれまで形成された元素が，毎秒数千 km の速度で宇宙空間に飛散するとともに，ごく短時間に多くのエネルギーが放出される (**超新星爆発 II 型**)。

　その際，大量に発生した中性子を Fe までの核が多量に吸収して多様な中性子過剰核を形成し，その後これらがある程度安定な核種になるよう β 壊変して陽子数が増え，Fe より重い (原子番号 (Z) の大きい) 元素を生成する。これを r (rapid な) 過程といい，これにより放射性の核種も生成される。特に，$Z > 84$ の安定同位体が存在しない元素は，この過程によってのみ生成される。

超新星爆発 II の後，残った中性子コア (直径数十 km 程度) は，高速 (毎秒数十回転) で自転し，パルス状の電波を発する**中性子星 (パルサー)** を形成する。一方，太陽の約 30 倍以上と非常に質量が大きい星の場合には，コア部分が**ブラックホール**を形成すると考えられる。なお，8 か所の電波望遠鏡を結合させた国際プロジェクトであるイベント・ホライズン・テレスコープ (EHT) によって撮影されたブラックホールシャドウ (ブラックホールの巨大な重力で光の進路が影響されて生じた"影") は，その存在を直接示すものと考えられている (2019 年)。

（2） s 過程

s (slow な) 過程は，恒星内部の以下の反応

$$^{13}\text{C} + {}^{4}\text{He} \longrightarrow {}^{16}\text{O} + \text{n} + 2.214\,\text{MeV}$$
$$^{17}\text{O} + {}^{4}\text{He} \longrightarrow {}^{20}\text{Ne} + \text{n} + 0.587\,\text{MeV}$$
$$^{21}\text{Ne} + {}^{4}\text{He} \longrightarrow {}^{24}\text{Mg} + \text{n} + 2.557\,\text{MeV}$$

により，まれに発生する中性子を種々の原子核が吸収して β 壊変することによって，数千年単位で進む元素合成過程である。r 過程と異なり，中性子密度が低く次の中性子を捕獲するまで十分な期間があることから，β 壊変して安定同位体のみを推移しつつ，最大安定元素である $Z = 83$ の ^{209}Bi (放射性だが半減期が 1.9×10^{19} と宇宙の年齢の 10 億倍以上) までが作られる。しかし，^{209}Bi の中性子捕獲で生ずる ^{210}Bi は，β および α 壊変で $Z = 82$ の安定核種 ^{206}Pb となるため s 過程はここで停止し，放射性核種は生成しない。

以上のように，2 つの過程で形成される元素・核種の種類に違いはあるが，Fe 以降の元素は概ね両過程により同程度ずつ形成されると考えられる。いずれにしても，恒星の成長に伴って内部で生成した元素は，その星が一生を終える際に宇宙空間に放出されて星間物質となり，次の星の原料となる。また，超新星爆発の際の衝撃波面などは物質密度が高いため，新しい星雲はこれらによって飛散する物質の中で形成されることが多い。

1.1.5 ゴルトシュミットの宇宙元素存在度

宇宙における各元素の特徴的な相対存在量 (**宇宙元素存在度**) は，上述の

宇宙と元素の進化過程を反映すると考えられる。**ゴルトシュミット** (V. M. Goldschmidt) は，太陽大気 (太陽光球という)，始原的な隕石 (CI コンドライト) および地球上の各物質の元素分析と，元素の化学的な性質をもとに，各元素の宇宙での相対的存在量 (Si = 10^6 とした相対値) を推定した (1938 年)。

太陽光の暗線スペクトルから求められた太陽大気中の元素存在量は，貴ガス元素や H などの揮発性の高い元素を除いて**コンドライト隕石**中の元素存在量と非常によい相関を示す (図 1.5)。コンドライトは，内部に 10^{-3} m 程度の顆粒状の構造 (コンドリュール) をもつ炭素質隕石で，高温で不安定で揮発性の高い成分や水・有機物などの成分を含むことから，惑星の原料であるダストが圧縮された後，高温環境に置かれたことのない隕石とみられる。

また，宇宙空間程度の気圧 (10^{-3} atm) 下で，各元素を宇宙元素存在度で含む高温気体を冷却すると，1800 K 付近で Re，Os，W など難揮発性金属の合金，1700 K 付近で Al，Ti の酸化物の凝縮が始まり，さらに 1500 K 付近を境に急激に岩石成分 (Si 酸塩鉱物) および Fe–Ni 合金の凝縮による固相生成が起きた後，気相との反応で金属硫化物が生成する。これらの組成がコンドライト隕石のそれとよく一致することから，コンドライトは太陽系の材料 (始原物質)

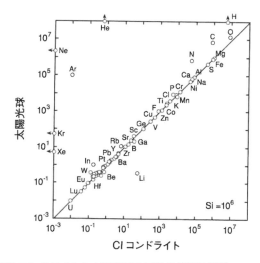

図 1.5 CI コンドライトと太陽光球の元素分析値の相関
Si = 10^6 とした相対値。
(出典：日本地球化学会監修，松田准一・圦本尚義 共編，宇宙・惑星化学 (地球化学講座 2)，培風館，2008 より引用)

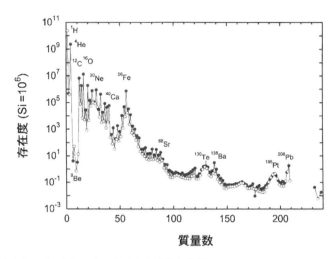

図 1.6 ゴルトシュミットの宇宙元素存在度
Si $= 10^6$ とした相対値。
(出典:日本地球化学会監修,松田准一・圦本尚義 共編,宇宙・惑星化
学 (地球化学講座 2),培風館,2008 より引用)

であり,当時の宇宙の元素存在量の比を反映していると考えられている。

宇宙元素存在度を原子番号順にプロットすると,以下の特徴的なパターンを
示す (図 1.6)。

(1) H (原子数比で 90.9 %),He (同 8.9 %) が圧倒的に多く,原子番号とと
もに減少する。

(2) Li,Be,B が,原子番号からすると例外的に少ない。

(3) Fe 以降,特に Bi 以降の元素が極端に少ない (H, He 以外はほとんど
$_{26}$Fe までで占められ,$_{92}$U は H の 100 億分の 1)。

(4) 原子番号が隣り合わせの元素では奇数番より偶数番の元素の存在比が
多い (**オッド–ハーキンスの法則**)。

上述のように,(1) および (2) は宇宙空間および恒星内部での元素生成過程
から,(3) は原子核の安定性から,それぞれ説明できる。また,(4) は核反応の
パターンとともに,「陽子数が偶数の原子核 (特に,n 数,p 数ともに偶数の核)
が高い安定性を示す」という事実によると考えられる。

このように,現在推定されている宇宙と元素の進化過程は,様々な分野の知
見から総合的に確立し,支持されるものと言える。

1.2 太陽系と地球の形成

1.2.1 星間物質

太陽系は，太陽を恒星として地球を含む 8 個の惑星を有する銀河システムであり，宇宙空間に存在する星間物質をもとに約 45.5 億年前に形成された。**星間物質**は，宇宙空間に浮遊する，H, He などの原子および星間分子，星間塵とよばれる 0.1 μm 程度のケイ酸塩，グラファイトおよび Fe などの金属の微粒子，分子の氷などからなり，平均密度は 1～10 個/cm^3 程度と低い。

これらは重力で互いに集約し，密度 10^3/cm^3 を超えると中心で H$_2$ 分子を生成する星間雲に，さらに 10^{10}/cm^3 程度を超えると H$_2$O，NH$_3$，HCN，CO などの分子を形成する分子雲となる。なお，現在の宇宙空間では多環芳香族炭化水素のような比較的複雑な分子の存在も確認されている。

1.2.2 太陽系の形成 (標準シナリオ)

太陽系の形成過程は，標準シナリオとよばれる考え方で説明される。まだよくわかっていないことも多いものの，各惑星の基本的特徴と大きな矛盾はないことから支持されている。この考え方を以下に示す。

分子雲は回転しながら重力で収縮し，遠心力のため円盤状となる。圧縮によって中心 (コア) が発熱し，その温度が 10^5 K 程度になると赤外線を発生する原始太陽に，さらに 10^7 K を超えるとコアでの熱核反応 (核融合) の開始により太陽となる。その際，分子雲の質量の 99％は太陽となり，残り 1％の物質が**原始太陽系円盤**を形成する (図 1.7(a))。

H, He などの永久ガスや昇華した分子がガスとして円盤状に拡散する一方，岩石など沸点の高い物質 (円盤質量の 1％程度) は，固体粒子 (ダスト) として重力で沈降し，軌道面にダスト層を形成する。この際，太陽に近く温度が高い領域のダストは岩石主体であるのに対し，太陽から遠く温度が低い領域では，ガスとして運ばれた H$_2$O や CH$_4$，NH$_3$ などの分子も固化してダストとなる。その境目を雪線といい，地球から太陽間の平均距離 (1.496×10^{11} m) の約 3 倍の位置に相当する。H$_2$O は岩石成分よりもはるかに多く存在する (構成元素の存在度が高いため) ことから，雪線より外側には氷を主体としたダストが多量に存在する (図 1.7(b))。

ダスト層の密度が上がると，分裂・収縮により**微惑星** (約 10^{15}～10^{18} kg，直径～数 km) が形成され，さらに微惑星は太陽の周囲を公転しながら衝突・合体

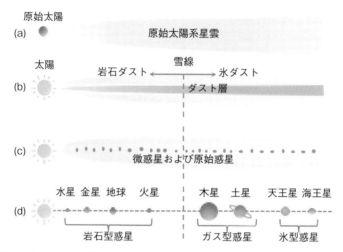

図 1.7 太陽系形成の標準シナリオ
距離や大きさの関係は実際を反映していない。
(出典：小久保英一郎，天文月報，99(5)，276，2006 をもとに作成)

し，原始惑星 (10^{23}〜10^{26} kg) となる (図 1.7(c))。これをもとに，最終的に 8
個の太陽系惑星が形成されたと考えられる (**微惑星衝突**)。その際，大きい微惑
星ほど急速に成長するが，ある程度の大きさになると重力の軌道への影響によ
り衝突が減り，大きな原始惑星どうしが互いに距離をとって緩やかに成長する。
また，太陽から遠い (公転軌道が大きい) ほど微惑星や原子惑星の密度が低く，
衝突は起きにくい。

　そのため，雪線以遠では豊富な氷ダストで十分に成長した原始惑星が，大き
な重力で集めたガス成分を大気としてほぼそのまま，巨大な**外惑星**を形成する。
ただし，太陽に近くより早く成長した木星および土星が多くのガスを集めて**ガ
ス型惑星**となったのに対し，天王星および海王星が成長した頃にはガス成分は
少なく，**氷型惑星**となったと考えられる (天王星・海王星については，太陽の
近くで形成されたものが移動したとする説もある)。

　一方，太陽の近くでは，少量の岩石ダストから比較的小さい原始惑星が生成
し，これらが外惑星や互いの重力の影響で軌道を乱されて激しい衝突を繰り返
す (巨大衝突)。これにより，岩石型の**内惑星** (水星・金星・地球・火星) が形成
されたと考えられる (図 1.7(d))。月も，巨大衝突時の地球の破片で作られたと
みられる。なお，円盤内のガス (おもに H, He) は，太陽からの陽子などの超音

速の流れ (ジェットや太陽風) による吹き飛ばしや，ガス型惑星の重力による取り込みなどによって，岩石型惑星の領域からは早期に失われたと考えられる。

1.2.3 太陽系惑星の特徴

太陽系の8個の惑星は，雪線を境に異なる成分と量のダストをもとに作られたと考えられ，各惑星の特徴はこれを反映している (表1.2)。雪線より内側で岩石 (ケイ酸塩) および金属 (おもに Fe) をもとに形成された内惑星 (水星，金星，地球，火星) は**岩石型 (地球型) 惑星**とよばれ，薄い大気をもち岩石主体で，比較的小型で高い密度 ($4 \sim 5\,\mathrm{g/cm^3}$) を示す。いずれの大気も H, He をほとんど含んでおらず，宇宙元素存在度とは全く異なる組成を示す。

表 1.2 太陽系惑星のプロフィール

(a) 諸元

	水星	金星	地球	火星	木星	土星	天王星	海王星
惑星のタイプ	岩石型	岩石型	岩石型	岩石型	ガス型	ガス型	氷型	氷型
太陽からの平均距離/10^6 km	57.9	108.2	149.6	227.9	778.3	1427	2869.6	4496.7
質量 (地球=1)	0.055	0.81	1	0.11	318	95	15	17
平均密度/$\mathrm{g\,cm^{-3}}$	5.42	5.25	5.52	3.94	1.32	0.69	1.26	1.64
赤道直径/km	4878	12103	12756	6794	142800	120660	51400	49400
大気圧/atm	—	90	1	1/132				
表面温度/°C	—	500	15	−60	3.8–7.2			

(b) 大気組成 (%)

	水星	金星	地球	火星	木星	土星	天王星	海王星
二酸化炭素 (CO_2)	—	96.5	0.028*	95.3				
窒素 (N_2)	—	3.5	78.1	2.7				
酸素 (O_2)	—	2×10^{-3}	20.9	0.13				
アルゴン (Ar)	—	7×10^{-3}	0.93	1.6				
水 (H_2O)	—	2×10^{-3}	0–40	3×10^{-2}				
水素 (H_2)	—	1×10^{-3}	5.3×10^{-3}	—	88–92	96.3	83	80
ヘリウム (He)	—	2×10^{-3}	5.2×10^{-4}	—	8–12	3.25	15	19
二酸化硫黄 (SO_2)	—	1.5×10^{-2}	1.1×10^{-8}					

* 工業化以前 (1750年) の濃度

(出典：日本地球化学会監修，松久幸敬・赤木右 共編，地球化学概説 (地球化学講座 1)，培風館，2008 をもとに作成)

　一方，雪線の外側である木星，土星，天王，海王星は，ガスおよび氷主体で内惑星に比べてはるかに重いが，$1\,\mathrm{g/cm^3}$ 前後と低い密度をもつ。いずれも H 主体の厚い大気を有し，その組成は宇宙元素存在度に近い (ただし，木星・土星では He の一部が液化して液相 (金属水素) 中を沈降するため，He 比が低くなると考えられる)。外惑星のうち，より太陽に近い木星および土星は多くの大気を有するガス型，これに対して天王星および海王星は氷型とよばれる。

　なお，すべての惑星の公転軌道と太陽は，**黄道面**とよばれるほぼ同一の平面上にある。これは，これらが同一の円盤状星雲内で形成されたことを示す。

1.2.4　マグマオーシャンの時代と地球の基本構造の形成

　内惑星での微惑星・原始惑星の衝突は，それらが惑星の周囲から十分に取り除かれるまでの約 40 億年前まで続いた。この間に表面が融解し，**マグマオーシャン**を形成することで，脱ガスによる二次原始大気の形成，金属コアと岩石層の分化，海洋の形成などが進み，基本的な**層構造**の形成が進んだ (図 1.8)。

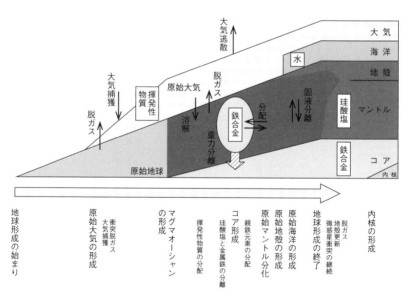

図 1.8　地球の基本構造 (層構造) の形成過程
(出典：西山忠男・吉田茂生 共編，新しい地球惑星科学，培風館，2019 より引用)

　地表付近は，微惑星衝突時のエネルギーおよび放射性元素の壊変熱などのため 1500 K 以上となる。これにより融解した岩石・金属成分である液状のマグマからは，まず融点・沸点の低い成分が大気に放出 (**脱ガス**) され，**二次原始大気**を形成した。分子量の小さい成分 (H_2, He など) は宇宙へ揮散して失われるため，地表固化時 (1500 K) の二次原始大気の組成は，H_2O (95 mol%)，CO_2 (4.2 mol%)，HCl (0.78 mol%)，SO_2 (0.076 mol%)，N_2 (0.13 mol%) と推定される。これは，現在の地球大気の組成とは大きく異なっているが，火山ガスとはよく類似している。

　さらに，二次原始大気の**温室効果**に加えて，液状のマグマ中を沈降する物質の運動エネルギーなどにより地表温度が 1700 K 以上になると，**マグマオーシャン**が形成される。この際，大気中の H_2O 量が多いほどより早い (小さい) 段階で融解が始まり，地球では半径の 1/3 程度まで液化したと考えられる。この段階で金属相の沈降による固体地球の基本構造形成が進む (1.4 節)。

　その後，微惑星衝突が収束して地表温度が下がると，地表の固化による地殻の形成が始まり，さらに約 330°C，約 100 気圧になると二次原始大気中の主成分である水蒸気が凝結し，HCl や SO_2 を溶解して高い酸性度 (水素イオン濃度約 0.5 mol/L) の雨として降り注いだとみられる (約 40 億年前)。ただし，水の起源については，地表冷却後 (約 38.5 億年前) の氷彗星の衝突により多量の水が持ち込まれたとする説もあり，どちらが主かについてはまだわかっていない。

　これらは，地殻岩石を溶解して金属成分 (Ca, Mg, Na, Fe の酸化物) を溶出させると同時に中和され，これらの金属イオンを含む弱塩基性の**原始海水**からなる海洋を形成した。原始海水中には Na より Fe や Ca が多く含まれ，現在の組成とは異なっていたと考えられる。これにより，層状の固体地球の表面に海洋層と大気層を有する地球の層構造が完成した。

1.2.5　内惑星の環境の分化 —— 金星および火星と地球の違い

　ここまでは内惑星にほぼ共通だが，その後の進化は大きく異なっており，特に大気組成にみられるように，現在は地球だけが特異的な環境をもつ (表 1.2)。これは，おもに太陽からの距離と星の大きさの違いに起因する。

　太陽に近い金星は，太陽活動の活発化により海洋の蒸発が始まり，大気に戻った水蒸気の温室効果で地表温度がさらに上昇して，海洋が完全に消失した。さらに，大気中の水蒸気も太陽からの強い紫外線により分解し，生じた H および O 原子は宇宙に散逸したため，CO_2 主体の現在の大気に至った。一方，太

陽から遠く半径・質量が小さい火星では，宇宙への放熱による冷却が速く，水
は早期に地表・地下で氷結して海洋が消失した。

　これに対し，地球では太陽からの距離と星の大きさ (重力) のバランスが水を
保持するために適度であったことから，継続して海洋を維持することができた。
そのため，地球の大気はおもに海洋との相互作用によって以後も進化を続け，
現在の組成に至った進化したと考えられる。

1.3　地球環境の進化

1.3.1　大気と海洋の進化

　地球環境 (大気圏，水圏，地圏，生物圏) は，相互作用により互いに進化して
現在に至った。ここでは，大気と海洋の進化について概説する。

　酸性の原始海水は，地殻表面の岩石 (長石・石英主体) を溶解して中和されて
弱塩基性になると同時に，岩石中の構成元素である Ca，Mg，Fe イオンが溶
出し，変性して生じた粘土か供給される (1.5.6 参照)。そのため，現在の海水
と異なり Na イオンは比較的少なかったと考えられる。

　約 38 億年前，海水が弱塩基性になると大気中の CO_2 が海水に溶解できるよ
うになり，大気から除去され始める。CO_2 の溶解 (2.5.3 参照) とこれにより生
成した炭酸の酸解離は，以下の平衡によって進む。

$$CO_2 \; + \; H_2O \; \longrightarrow \; H_2CO_3, \quad k_H = [H_2CO_3]/CO_2 \text{ 分圧}^\dagger = 10^{-1.4}$$

$$H_2CO_3 \; \rightleftharpoons \; HCO_3^- \; + \; H^+, \quad k_1 = [HCO_3^-][H^+]/[H_2CO_3] = 10^{-6.4}$$

$$HCO_3^- \; \rightleftharpoons \; H^+ \; + \; CO_3^{2-}, \quad k_2 = [CO_3^{2-}][H^+]/[HCO_3^-] = 10^{-10.3}$$

　岩石の風化によって弱塩基性 (pH 8 前後) に保たれる環境水 (河川水や海水)
では炭酸はおもに HCO_3^- イオンとして存在し，下記の反応により Ca イオン
と反応して炭酸カルシウム ($CaCO_3$) として沈積する。

$$Ca^{2+} \; + \; 2\,HCO_3^- \; \longrightarrow \; CaCO_3\downarrow \; + \; CO_2 \; + \; H_2O$$

これによって CO_2 の海水への溶解による大気からの除去が促進される一方，
海水中の Mg イオンが $CaCO_3$ と共沈するため，これによって海水からの Ca
イオンおよび Mg イオンの除去も進んだと考えられる。

　なお，これと同時に大気中の CO_2 による岩石の風化

---

† 分圧の単位は atm とする。

$$CaSiO_3 + 2\,CO_2 + H_2O \longrightarrow Ca^{2+} + 2\,HCO_3^- + SiO_2$$

も起きており，両式を足し合わせると

$$CaSiO_3 + CO_2 + H_2O \rightleftharpoons CaCO_3\downarrow + SiO_2\downarrow$$

となる。これは風化堆積作用とよばれ，光合成生物以後の生物化学的プロセス
と合わせて，現在でも重要な大気中 CO_2 の除去・固定プロセスとして作用し
ている。この反応は，高温高圧下では左に進んで大気へ CO_2 を放出する（炭酸
塩岩の変成）が，堆積した $CaCO_3$ が地殻変動によりマグマに触れにくい大陸
地殻として固定されたため，CO_2 の吸収・固定が進んだ。

　なお，長時間大気中に置かれて二酸化炭素が飽和した水の pH は 5.6 前後と
弱酸性を示すが（2.5.3 参照），環境水中では大気から供給された CO_2 との平衡
で生成するよりもはるかに多い量の HCO_3^- イオンが岩石の風化によって供給
されるため，環境水の pH は実質的に HCO_3^- イオン濃度によって制御され，
弱塩基性に保たれている。また，岩石の風化速度は気温に伴って上がるため，
このプロセスは地表温度が上昇すると大気中 CO_2 濃度を減らす方向に働き，
気候変動を抑える重要な負の気候フィードバックの 1 つと考えられる（5.1.7
参照）。

1.3.2　光合成による CO_2 吸収

　約 35 億年前，海水中に**メタン産生菌**に近い最初の**原核生物**が発生した。こ
れらは高温を好み，CO_2 を水素で還元してメタン (CH_4) を生成するため，大
気中 CO_2 が減り温室効果が高い CH_4 が増加し始める。これにより，地表温度
は増加する。その後，CH_4 の光化学反応によって生成した炭化水素ミストに
より太陽光が遮られて温度が低下するとメタン産生菌の活動が弱まり，約 27〜
29 億年前に光合成生物である**シアノバクテリア**が出現した。これらは

$$CO_2 + H_2O + 光エネルギー \rightleftharpoons CH_2O\,(有機物) + O_2$$

の反応により CO_2 を吸収して O_2 を生成する。

　放出された O_2 は，海水中の Fe^{2+} および亜硫酸イオン (SO_3^-) の酸化に使
われ，**縞状鉄鉱床** $(Fe_2O_3$（赤鉄鉱）および Fe_3O_4（磁鉄鉱）と Si 鉱物層が交互
に堆積したもの。現在の鉄資源の 90％を占める）と**石膏床** $(CaSO_4)$ を形成し
た。一方，海水中にはこれらに取り込まれにくい Na イオンと酸化されにくい
Cl^- が残り，海水組成は現在の $NaCl + MgSO_4$ 型となった。

その後，O_2 は海水を飽和した後，約 20 億年前に大気へ放出され始めた (C，Fe，S の同位体比の急変から約 22〜19 億年前に大気中 O_2 分圧が 1/100 気圧から 0.15 気圧以上に急増したことが推定される)。ただし，生成・放出された O_2 の約 39 ％は Fe^{2+}，約 56 ％は SO_3^- の酸化に使われ，O_2 として大気および海洋中に存在するのは 5 ％にすぎない。

光合成生物は，18 億年前に**真核生物** (DNA が核膜内に保護されている) である緑藻類に進化し，海洋表層 (50〜100 m) でさらに効率よく O_2 を生成するようになる。また，O_2 分圧が 0.01 気圧 (パスツール点とよばれる) を超えると，微生物もそれまでの嫌気発酵代謝より効率のよい好気呼吸代謝を行うものに進化し，以後生物の進化も一気に加速したと推定される。

地球大気のおもな成分の組成の変遷を図 1.9 に示す。現在，人為的とみられる大気成分変化による気候変動が問題となっているが，この時代の生物による大気組成の変化も気候に大きな影響を与えたとみられる。約 22 億年前，メタン産生菌の減少と大気への放出が始まった O_2 による酸化によって大気中の CH_4 が減少し，温室効果の低い CO_2 への置き換えが進んだことで気温が低下して，**全球凍結**に至った。一方，海面が氷に覆われると CO_2 の海洋吸収が抑えられ

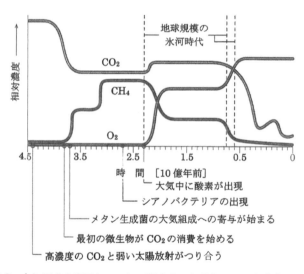

図 1.9　大気組成の変遷と，これに関連すると考えられる出来事
(出典：日本地球化学会監修，松久幸敬・赤木右 共編，地球化学概説 (地球化学講座 1)，培風館，2008 をもとに作成)

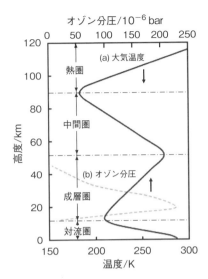

図 1.10　地球大気の構造
（出典：御代川貴久夫著，環境科学の基礎 改訂版，培風館，2003 をも
とに作成）

保ったままジェット気流に乗って地球を周回する**オゾン層** (図 1.10(b)) を形成
する。

（ 3 ）　**中間圏** (50〜80 km)
　中間圏 (50〜80 km) では，高度とともに O_2 および O_3 濃度が減少するため，
再び高度につれて気温が減少する。ただし，気温減率は対流圏より小さいため，
激しい対流は起きない。なお，一般的に中間圏程度 (約 100 km) までが大気圏，
それ以上は宇宙空間とみなされる。

（ 4 ）　**熱圏** (80〜800 km)
　熱圏 (80〜800 km) では，太陽からの強い紫外線および X 線によって原子・
分子のイオン化が進み，電離気体 (プラズマ) となる。質量の軽い自由電子が存
在するために見かけ上の温度は高い (〜2000 K) が，分子密度は極端に低いた
め熱量は低い。自由電子が存在する中間圏上層付近は**電離層**とよばれ，地表か
らのマイクロ波以上の波長の電波を反射する働きをもつ。なお，電離層の状態
は太陽活動の影響で変化するため，電波通信もその影響を受ける。

て大気中 CO_2 濃度が高まり，温室効果の増加で気温が上昇して間氷期へ移
したと推定される。なお，地球の気候は温暖期と寒冷期を繰り返しており，
去に少なくとも 3 回 (約 6 億年前，7 億年前，22 億年前) は全球凍結に至っ
と考えられる (図 1.9)。

このように，主成分であった CO_2 が地圏・水圏・生物圏との相互作用によっ
て除去されるとともに，O_2 が加わることで地球大気は酸化的な雰囲気をもつ
現在の状態に至った (2.1 節)。現在の主成分である N_2 は，分子量が十分大き
く宇宙に揮散しにくいうえ，化学的に安定で，脱窒細菌以外に定常的に消費さ
れる経路がないことから，二次原始大気から濃度は大きく変動はせず，現在に
至ったと考えられる (2.4.4 参照)。

1.3.3　オゾン層の形成と大気構造の完成

約 3.8 億年前，大気中の O_2 分圧が 0.1 気圧を超えた時点で，**オゾン層**が生
成した。地表からの O_2 は，大気上層で紫外線による光化学反応でオゾン (O_3)
を生成し，地上約 25〜30 km 付近に集中的に滞留してオゾン層を形成する (3.1
節)。これにより太陽からの紫外線は広い波長範囲にわたって吸収され，地表へ
の照射量が大幅に低減 (90 % 以上) されたことから，以後，生物が水中から地
上に進出できるようになったと考えられる。

これにより，現在の地球大気は高度によって温度が図 1.10 のように変わる特
徴的な構造をもち，これに応じて 4 つに区分される。

（1）　対流圏 (地表〜10 km)

地表から平均 10 km (冬 8 km，夏 16 km) までの高度範囲を**対流圏**という。
大気は太陽光をほとんど吸収しないため，おもに地表の熱放射で暖められる。
そのため，対流圏では地表に近いほど温度が高く上層ほど低くなり，大気は常
に対流によって撹拌され均一の組成となる。

（2）　成層圏 (地上 10〜50 km)

地表から 10 km 付近 (対流圏界面) で温度は逆転し，ここから 50 km 付近ま
では高度が高いほど温度が上がる。ここでは対流が起きにくいため，高度に
よって大気組成が異なる「層」を形成することから，この領域を**成層圏**という。

このような温度分布になるのは，おもに O_3 生成による反応熱でこの領域の
中〜上部が暖められることによる。そのため生成した O_3 も層となり，高度を

1.4　固体地球の進化と形成

1.4.1　地圏の進化と形成

　現在の固体地球の基本構造は，マグマオーシャンの固化に伴い約 38 億年前に完成したと考えられる。1500〜1700 K で融解せず比重の大きな**金属相** (鉄主体の合金および W，Os など耐熱性の重金属類) は，液化したマグマ中を沈降し，深層に**コア** (核) を形成した。また，岩石成分は，表面温度の低下に伴い 1500 K 程度で固化し始める。その際に生成した各種鉱物は，その融点・比重に応じて中層に**マントル**を，上層に**地殻**を形成したと考えられる。

　現在の固体地球は，平均半径 6371 km，平均密度 5.5 g/cm³ で，わずかに上下が短く歪んだ球形である。内部構造 (図 1.11) は，地震波の解析 (屈折や P 波および S 波の伝わり方など) による地震波トモグラフィーから求められており，表層から順に，比重の低い石英や長石が主体の地殻 (厚さ約 40 km，比重 2.9〜3.3)，比重の高いかんらん石や輝石からなるマントル層 (比重 4.3〜5.5)，Fe 主体の Fe−Ni 合金であるコア (比重 10.0〜13.6) と，比重に従って積層した層構造をとっている。

　コアは，放射性核種からの発熱およびマグマオーシャン時の熱の蓄積により発熱している一方，その放熱は地表から宇宙空間への熱の発散のみで行われるため，内部ほど高い温度を示す。そのため，コアの外側である**外核**は，約

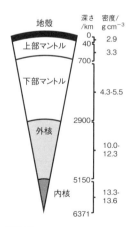

図 1.11　固体地球の内部構造
(出典：日本地球化学会監修，松久幸敬・赤木右 共編，地球化学概説 (地球化学講座 1)，培風館，2008 をもとに作成)

4500 K の融解した液相である一方，中心部の**内核**は約 7500 K と高温だが，高い圧力のため固化しているとみられる。

1.4.2 マントル対流とプレートテクトニクス

固体の岩石であるマントルは，地質学的時間スケールでは粘性流体として振る舞い，上下の温度差により対流している。地球ではマグマオーシャンの冷却途中の約 30 億年前に十分な温度差に達し，**マントル対流**が開始したと推定される。なお，地球より径が小さい他の岩石型惑星では，十分な熱量が蓄積されないことから，マントル対流は少なくとも現在では地球だけの特徴と考えられる。

地殻表面を覆う厚さ 100 km ほどの岩盤は，地球全体で 10 ほどの**プレート**に分かれており，それぞれ直下のマントルの対流に乗って年間数 cm ほど移動している (図 1.12)。

プレートどうしが互いに離れる方向に移動する離散界面では，ホットプルームというマグマのしみ出しが起こり，海底火山の噴火による海嶺の形成などの形での造山が進む。一方，プレートどうしがぶつかり合う集合界面では，密度

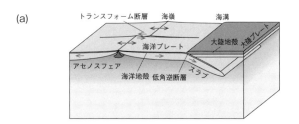

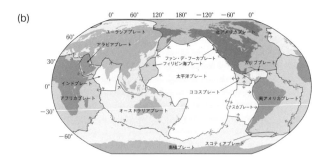

図 1.12　マントル対流とプレートテクトニクス (a) およびプレートの分布 (b)
(出典：西山忠男・吉田茂生 共編，新しい地球惑星科学，培風館，2019 より引用)

の低い方 (多くの場合，海側) が密度の低い方 (多くの場合，大陸側) の下に潜り込む形となり，沈み込みによる海溝の形成が行われる。また，プレートどうしがすれ違う方向に動く部分の境界はトランスフォーム断層とよばれ，集合界面およびトランスフォーム断層付近は，地震が発生しやすい地震帯となる。このようなプレートの移動による造山活動は**プレートテクトニクス**とよばれ，地球環境の特徴の1つと言える。

1.4.3 磁気圏の形成

　地球が地磁気をもつようになったのは，約42億年前と推定される。地球の地磁気は，おもに主磁場とよばれる固有磁場 (比較的強く安定した磁場) であり，太陽系惑星では水星，木星，土星，天王星，海王星が同様の地磁気をもつと考えられる。固有磁場の発生メカニズムはよくわかっていないが，おもに内核のまわりでの外核の対流と太陽からの磁気などによる電磁相互作用 (ダイナモ作用) によると考えられている。

　地磁気の強さや磁極の位置は，核の状態の影響を受けると考えられ，変動しながら現在に至っている。現在の地球ではN極が北極付近，S極がほぼ南極付近にあるが，地磁気の軸と自転軸の間には直接的な関係はなく，岩石の履歴か

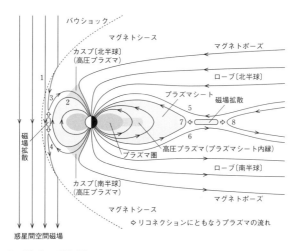

図 1.13　地球の磁気圏
　(出典：西山忠男・吉田茂生 共編，新しい地球惑星科学，培風館，2019より引用)

らは過去360万年間に少なくとも9回, NとSが入れ替わったとみられる (直近は73万年前)。現在, 地球の地磁気は弱まる方向に変化しており, 過去160年間で約7%低下したとみられる。

固有磁場をもつ惑星の周囲には, **磁気圏** (太陽表面からの超音速の荷電粒子の流れである太陽風が地磁気に影響される領域) が形成される。太陽風は, ローレンツ力により地磁気による磁力線を直交せず, 惑星を避ける形で流れる。一方, 地磁気の磁力線も太陽風の磁場 (約$10\,\mathrm{nT}$) により太陽の反対側に吹き流されるため, 太陽側の磁気圏界面は地球半径の約10倍 (高度約$6 \times 10^4\,\mathrm{km}$), 太陽の反対側では200倍程度までに達する (図1.13)。

磁気圏の形成により太陽からの荷電粒子が地表に到達しにくくなり, 磁気圏はオゾン層とともに地表の生命を保護するシールドとして作用している。地球の地磁気は, 約27〜28億年前に現在と同程度に強まったとみられており, これがそれまでは水中に存在した生命の地上への進出と関連していると考えられる。

1.5 地殻 ── マントルの化学
1.5.1 岩石と造岩鉱物

地殻とマントルの主成分である岩石は, 生成過程によって**火成岩**, **堆積岩**, 地中の熱や圧力で変性した**変成岩**の3種類に分けられる。火成岩は, 噴出したマグマの冷却時に結晶化しながら形成されるため, 結晶質の鉱物からなるが, 急激に固化したものは微細な結晶やガラス質の鉱物を含む。

堆積岩は, 造岩鉱物の風化による変性・細分化で生じた鉱物 (砂, シルト, 粘土) が地中に堆積・圧縮されて生成する。変成岩は, 地殻変動の際に力学的に生じた動力変成岩と, マグマ噴出の際の熱で生じた熱変成岩に分けられ, いずれも融解せずに構造が変化 (変成) したものとなる。このように, 岩石とこれに含まれる鉱物の形態は地殻変動や火山活動などの影響で変化するため, 地殻変動の履歴を示す指標となる。

岩石は種々の鉱物の混合物であり, **鉱物**はマグマ固化時に異なる温度で結晶化して生成した, 一定の組成を示す化合物である。主要**造岩鉱物**と言われる基本的な6種の鉱物 (表1.3) では, 晶出温度 (融点) が高い順に, **かんらん石 → 輝石 → 角閃石 → 黒雲母 → 長石 → 石英**となる (ボーエン (N. L. Bowen) の反応系列)。

これらは, 互いに組成と構造が異なるケイ酸塩化合物である。これらの基となるのは, 正四面体型の**正ケイ酸イオン** ($\mathrm{SiO_4}^{4-}$) で, **シラノール基** (Si−OH)

表 1.3 主要造岩鉱物の性質

鉱物	組成	構造	融点/K	密度 /g cm^{-3}	水素イオン 交換容量* /meq g^{-1}	SiO$_2$ 含有量
かんらん石	$(Mg_x, Fe_{1-x})_2SiO_4$	SiO$_4$ 四面体	2163(Mg)– 1493(Fe)	3.26– 3.40	19.6– 28.4	29.5– 42.7 %
輝石	$(Ca_x, Fe_y,$ $Mg_{1-x-y})_2Si_2O_6$	単鎖 (1 次元)	2103(Mg)	3.2– 3.9	15.2– 19.9	43.5– 59.9 %
角閃石	$(Na, Ca)_{2-3}$ $(Mg, Fe)_{3-5}$ $(Al, Fe)_{1-2}(Al_{0-2}$ $Si_{8-6}O_{22})(OH)_2$	二重鎖 (2 次元)	—	3.0– 3.5	16.4– 17.2	37.0– 59.2 %
黒雲母	$K_2(Mg_x, Fe_{1-x})_{5+y}$ $Al_{1-y}(Al_{2+y}Si_{6-y})$ $O_{20}(OH)_4$	層状 (2 次元)	—	2.69– 3.19	15.6– 20.0	31.3– 45.0 %
長石						
アノーサイト	$Na_xCa_{1-x}Al_{2-x}$ $Si_{2+x}O_8$	3 次元枠組	1824	2.7– 2.8	3.8– 7.2	43.2– 68.7 %
ソーダ長石	$NaAlSi_3O_8$	3 次元枠組	1373	2.61– 2.64		
正長石	$KAlSi_3O_8$	3 次元枠組	—	2.56	3.59	64.8 %
石英	SiO_2	3 次元枠組	< 1743	2.59– 2.66	0	100 %

* (1 g の鉱物が交換できる水素イオンのモル濃度) × 1000 と定義される。
(出典：御代川貴久夫著，環境科学の基礎 改訂版，培風館，2003 をもとに作成)

の脱水縮合により Si–O–Si の共有結合を形成して重合し，これらの鉱物を形成する。ケイ酸化合物の基本構造は，$SiO_4{}^{4-}$ のもつ 4 つの酸化物イオン ($-O^-$) の何か所で重合しているかによって異なり，造岩鉱物はこれによって類別される。一方，鉱物中で重合していない酸化物イオンは，H^+，Mg^{2+}，Fe^{2+}，Na^+，Ca^{2+} などの陽イオンを脱着・交換する能力 (イオン交換能) を示す。これは，鉱物によるイオンや水分子の保持や，環境水の pH を保つ緩衝作用，岩石の風化の原因となる。

　反応系列で下位 (かんらん石) から上位 (石英) に進むにつれて，共有結合の割合が高く構造性が高い隙間の多い結晶を形成し，H^+ 交換容量が小さくなるとともに融点と密度が低くなる。マグマオーシャンから冷える過程では，晶出温度が高いものから固化して沈降する。地殻からマントルにおける深さ方向の

鉱物の基本的分布はこれに従い，下部マントルはかんらん石，上部マントルが輝石〜角閃石で構成されるのに対し，地殻中の鉱物の約 70 ％を石英と長石が占める。

図 1.14 に，各鉱物の基本構造を示す。

① かんらん石：　正ケイ酸イオン (正四面体型の SiO_4^{4-}) どうしが 2 価の Mg^{2+} または Fe^{2+} を共有してイオン結合でつながった形をとり，重合しておらず共有結合をもたない。

② 輝石：　SiO_4^{4-} 中の 2 つの O で Si–O–Si の共有結合を形成し，鎖状に重合した 1 次元構造をもつ。

③ 角閃石：　②の鎖どうしがさらに重合でつながれたハシゴ状の二重鎖構造をとる。

②，③いずれの場合も，残った O^- で Mg^{2+} または Fe^{2+} と結合する形で鎖またはハシゴどうしが結合した結晶構造をとる。

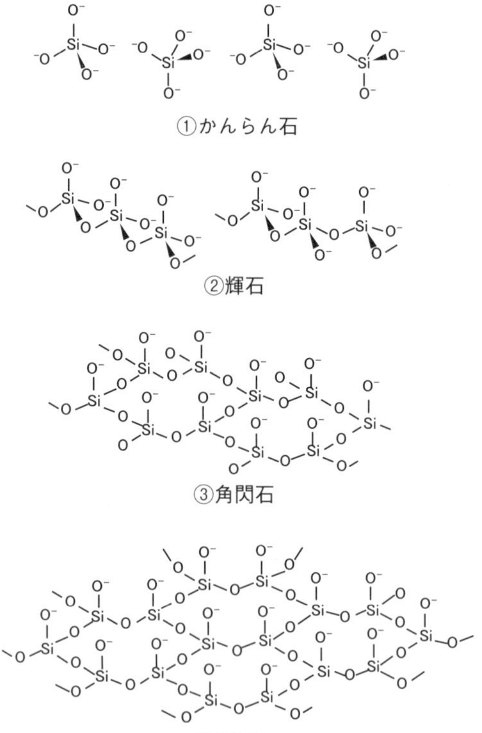

①かんらん石

②輝石

③角閃石

④黒雲母

図 1.14 基本造岩鉱物の構造

④ 雲母： ③の二重鎖どうしを共有結合による重合でつないだ形の平面構造をとる。Si に結合している 4 つの O 原子のうちの 1 つが，O^- として結晶平面に対して鉛直方向に突出している。この平面結晶どうしが，突出した O^- どうしが向き合う形で対面し，間に入る Mg^{2+} または Fe^{2+} でつながれたサンドイッチ状の基本単位を形成する。さらに，これが積層して層状結晶となるが，共有結合酸素のみが対面する基本単位どうしの間には，化学結合が形成されない。そのため，基本単位どうしの間から剥離 (劈開) する。この層間は比較的広いため，K^+ や OH^- などの比較的大きなイオンも入ることができる。

このように，かんらん石から雲母までは，重合でできた基本単位が 2 価イオンを仲立ちとして結合した構造をもつ。この 2 価イオンが溶出することで構造が壊れることから，O^- を多くもつ下位の鉱物ほど安定性が低く，風化を受けやすいと考えることができる。

これらに対し，石英はすべての O 原子で重合した 3 次元 (立体) 結晶となる (図 1.15)。石英 (SiO_2) は正四面体型を基本とした構造性の高い強固な無色結晶で，その単結晶は水晶とよばれる。端面 (エッジ) 以外には O^- イオンがないためにほとんどイオン交換能をもたず，安定で風化を受けにくい。

長石は，石英中の Si (4 価) の一部がイオン半径の近い Al (3 価) に入れ替わり (同型置換)，正電荷の不足分を 1 価の Na^+ および K^+ あるいは 2 価の Ca^{2+} で補ったものに相当する。

これらの構造性の高い結晶は，マグマから晶出する際に多くの分子の移動・配列が必要になるため，粘度が低くて水の含有量が多く流動性が高いマグマ中で形成しやすい。こうした条件は，マグマ噴出時には表層近くで得られやす

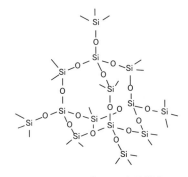

図 1.15 石英の 3 次元構造

く，このこともこれらの鉱物が地殻表層に多い理由と考えられる。また，マグマオーシャン時のように金属鉄が存在し，単体の酸素がほとんどない還元的な雰囲気ではシラノール基ができやすいため，脱水縮合が必要なこれらの鉱物が生成されやすかったと考えられる。

　以上のように，造岩鉱物では一般に反応系列の上位の鉱物ほど O^- の割合が減るため，化学的に安定で風化を受けにくくなる。また，かんらん石，輝石，角閃石，黒雲母など，Mg^{2+} や Fe^{2+} を含むものは有色となり，これらを含まない白雲母，長石，石英などは無色となる。

1.5.2　元素の分配と地球化学的分類

　固体地球内の元素は，マグマオーシャンの時代にコアを形成した金属相($Fe-Ni$ 合金)および地殻・マントルを形成した各鉱物への親和性によって，移動・分別されたと考えられる。ゴルトシュミットは，コンドライト隕石を融解から冷却固化させた場合に生じる成分を，金属相・硫化物相・ケイ酸塩相・気相に分類し，これらへの分別に基づいて地球上の元素の分配を考察した(**元素の地球化学的分類**，表 1.4)。

　親気元素は，広い温度範囲でおもに安定な気体として存在する元素で，窒素(N)および貴ガス元素がこれにあたる。これらは大気に放出された後，分子量が小さいものは宇宙空間へ散逸する。

　親鉄元素は，鉄(Fe)より還元されやすく，酸化物などが融解した Fe に触れ

表 1.4　ゴルトシュミットによる元素の地球化学的分類

	特性	元素
親気元素	大気に含まれやすい	N, He, Ne, Ar, Kr, Xe
親鉄元素	金属 Fe で還元され Fe 合金となる	Fe, Co, Ni, Ru, Rh, Pd, Os, Ir, Pt, Mo, W, Re, Au, Ge, Sn, C, P, (Pb, As, S)
親銅元素	安定な硫化物を生成する	Cu, Ag, Zn, Cd, Hg, Ga, In, Tl, (Ge, Sn), Pb, As, Sb, Bi, S, Se, Te, (Fe, Mo, Cr)
親石元素	酸化物として鉱物中に取り込まれやすい	Li, Na, K, Rb, Cs, Be, Mg, Ca, Sr, Ba, B, Al, Sc, Y, 希土類, (C), Si, Ti, Zr, Hf, Th, (P), V, Nb, Ta, Cr, (W), U, F, Cl, Br, I, Mn, (H, Tl, Ga, Ge, Fe)

( ) 内の元素は部分的にその分類の特性を示す。

(出典：H. Palme and A. Jones, *Treatise on Geochemistry 1, Meteorites, Comets, and Planetes*, 41, 2005 をもとに作成)

て単体に還元され，Fe と合金化して金属相に存在しやすい元素である。Fe とともにコアへ移動しやすいため，地殻存在量は比較的低い。おもに周期表の中心付近 (6〜10 族) および 14 族に存在する元素がこれに含まれる。

　親銅元素は，硫化物 (S^-) イオン (あるいはリン酸などの大きなイオン) と安定な不溶性化合物を生成する元素で，おもに周期表右側 (10〜16 族) の比較的電気陰性度および軌道充填率の高い元素が中心となる。これらの硫化物は比較的融点が低く，マグマ固化時に最後に析出して表層で鉱床を形成する。そのため，銅などのように地殻中から比較的多く産出し，古くから利用されているものが多い。

　親石元素は，金属 Fe で還元されずイオンとしてケイ酸塩に取り込まれて，おもに岩石中に存在する，または酸化物として存在することが多い。周期表で 1〜4 族および 13〜16 族の第 1〜3 周期にある，電子充填率が低くイオン結合性のハードな金属元素およびこれらとイオン結合しやすいハロゲン元素がこれに相当する。これらの元素は，イオン半径と電荷のバランスに従って各ケイ酸塩鉱物の結晶中にある隙間へ取り込まれる。そのため，ケイ酸塩鉱物ではこれらの条件が近いイオンどうしが同種の鉱物に含まれ，互いに交換される (同型置換)。

　なお，表 1.4 中で括弧付きで示される元素は，おもな分類以外の性質をも合わせもつ。中でも Fe は，酸化物が金属 Fe で還元されない点で親石的であり，また硫化物も比較的安定で親銅的でもあるため，いずれの分類にも含まれる。元素存在度が高いこともあり，地殻中にも多く存在する。

1.5.3　半径比の法則と同型置換

　一般に，陽イオンの半径は酸化物イオン (O^{2-}) の半径に対してかなり小さいため，金属酸化物の結晶は酸化物イオンが最密充填で配列してできた隙間 (サイト) に陽イオンが入ったものとみることができる。最密充填の結晶では，陽イオンが入れるサイトは 3 種類存在し，小さい (狭い) 方から順に平面上で互いに接して三角形に配列した 3 個の O^{2-} に囲まれた 3 配位サイト，正四面体型に配列した 4 個の O^{2-} に囲まれた 4 配位サイト，正八面体型に配列した 6 個の O^{2-} に囲まれた 6 配位サイトとなる (図 1.16)。陽イオンは，大きさと電荷の点で適合するサイトにしか入れないため，各イオンが入れるサイトは O^{2-} とのイオン半径の比で決まる。これを**半径比の法則**といい，これはケイ酸塩鉱物中で酸化物イオンと結合している金属イオンにも当てはまる。

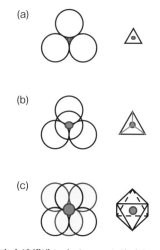

図 1.16　最密充填構造にある 3 つのサイト
(a) 3 配位サイト，(b) 4 配位サイト，(c) 6 配位サイト
網掛けの原子は，1 つ上の層を表す。

　3 配位サイトは最も小さく，臨界半径比 0.225 (半径比 0.225 以上のイオンは入れない) で，C^{4+} (0.16) および B^{3+} (0.16) (( ) 内は半径比) が入り，炭酸イオン ($CO_3{}^{2-}$) およびホウ酸イオン ($BO_3{}^{3-}$) を形成する。同様に，4 配位サイト (臨界半径比 0.414) には Be^{2+} (0.25)，Si^{4+} (0.3)，Al^{3+} (0.36) などが，最大の 6 配位サイト (臨界半径比 0.732) には Mg^{2+} (0.46)，Fe^{2+} (0.53)，Na^+ (0.69)，Ca^{2+} (0.71) などが入る。

　このように半径比と電荷が近く，同じサイトに入ることができるイオンを同型という。同型のイオンどうしは互いに交換可能で，これらのイオンどうしの交換を**同型置換**という。なお，**臨界半径比**に対して小さすぎるイオンは，入ることはできるが安定に保持されない。例えば，Al^{3+} (0.36) は 6 配位サイトにも保持されるが，4 配位サイトほど安定ではない。

　このように，金属イオンが鉱物へ取り込まれる場合，金属元素どうしの化学的性質の類似性よりもイオン半径の類似性の影響が大きく，例えば，Ba^{2+} (134 pm) は同族の Ca^{2+} (101 pm) とは交換されず，イオン半径の近い K^+ (133 pm) と交換される。また，親銅元素の遷移金属類は同族元素が同じ鉱石に含まれることが多いのに対し，親石元素であるアルカリ金属およびアルカリ土類金属元素は，同様の理由から同族であっても同じ鉱石に含まれるとは限ら

ない。

　また，造岩鉱物のおもな構成金属イオン (K，Ca，Mg，Fe，Al など) と同型置換できない親石元素を，不適格元素とよぶ。例えば，Be^{2+} (35 pm) および B^{3+} (23 pm) は，上記のイオンが入る 4 配位および 6 配位サイトには小さすぎる，Th^{4+} (102 pm)，U^{4+} (97 pm)，Cs^+ (167 pm) などは同電荷のイオンと比べて大きすぎる，また，W^{6+} (62 pm) は同程度の半径のイオンと比べて電荷が大きすぎる，などの理由からいずれも不適格となる。

　これらは造岩鉱物に取り込まれにくいため，ケイ酸塩鉱物中で最低の融点をもち最後に固化するペグマタイト (雲母，長石，石英の結晶からなる花崗岩系の岩石) 中に濃縮される。宇宙元素存在度が低い U やレアアース (希土類元素) のような重元素が地殻表層から比較的多く産出するのは，そのためである。

　また，同型置換で構成イオンが変わることで鉱物自体の密度と融点・沸点が変化し，これにより鉱物の存在分布も変わる。例えば，長石 (アノーサイト) 中の Ca^{2+} (101 pm) が Na^+ (97 pm) に，電荷を中和するため Al^{3+} の 1 つも Si^{4+} に置換され，これにより密度および融点が低下する。これによりマグマ固化の際に Na 長石 (ソーダ長石) の方が遅れて晶出し，マントル上層および地殻に多く濃縮される。以上のように，地殻からマントルでの元素の分布は，造岩鉱物のケイ酸塩構造の違いと元素による取り込まれやすさの違いによって決まると考えられる。

1.5.4 鉱 物 資 源

　鉱物資源は，おもに各種金属イオンがマグマ固化の過程で分別されながら濃集・晶出し，**鉱床**となったものである。鉱床は，高温で晶出する順に，**正マグマ鉱床** (かんらん岩主体で融点・比重の高い Cr，Ni，Co，Pt などを含む)，**ペグマタイト鉱床** (融点の低い雲母や長石・石英主体で，不適格元素である Be，U，W などを含む)，ケイ酸塩鉱物がほぼ晶出した後にできる**気成鉱床** (水の臨界温度 (約 374°C) 以上で晶出する Sn，Mo，W などが濃集したもの)，**熱水鉱床** (地熱水中で晶出した Au，Ag，Cu，Pb，Hg などが濃集したもの) に分けられる。

　一方，大規模な鉄の鉱脈である**縞状鉄鉱床**はこれらと異なり，光合成生物 (シアノバクテリア) の発生による酸素の放出に伴い，原始海水中で溶存していた Fe^{2+} イオンが酸化され Fe_2O_3 として沈殿・堆積したもので，約 27 億年前〜18 億年前までの間に形成されたとみられる。縞状となるのは，光合成が夏季に

活発化することを反映したものと考えられる。

1.5.5 岩石の風化と土壌

風化は，岩石が酸素を含む大気や水の作用によって地表の環境下で最も安定な状態に戻る過程であり，鉱物の組成が変化せずに細分化する物理風化と，組成の変化を伴う化学風化に分けられる。造岩鉱物は化学風化により粘土鉱物などの二次鉱物を形成し，他の物質とともに土壌を形成する。

土壌は，鉱物の風化により生成した微細鉱物 (砂質 (60～2000μm)，**シルト** (2～60μm))，粘土鉱物，**腐植物質** (フミン) に加え，水と空気 (全体の約50％) からなる。腐植物質は微生物による植物の最終分解生成物で，複雑な難溶性高分子体である。構造不定でリグニンなどの部分構造をもち，カルボキシ基 (–COOH)，ヒドロキシ基およびフェノール性ヒドロキシ基 (ともに –OH) などを含み，一般に土壌中からアルカリまたは弱酸のアルカリ塩で抽出される。これらのうち，酸で沈殿する画分を**フミン酸**，酸によって沈殿しない画分を**フルボ酸**という。

これらは金属イオンに配位するキレート生成能をもつため，Fe や Mn などの重金属イオンの保持や，酸に対しても難溶な Al 酸化物を溶解する働きをもち，鉱物の風化や金属元素の移動・循環に関与する。

1.5.6 化学風化

化学風化は，おもに水や O_2，CO_2 などの大気成分との反応による鉱物の組成変化に基づく。ケイ酸塩鉱物の骨格を形成する金属イオンの溶出や，酸化による価数の変化でケイ酸化合物の構造が壊れ，$SiO_4{}^{4-}$ が溶脱することで組成が変化する (そのため，骨格構造中に金属イオンを含まない石英 (SiO_2) は化学風化を受けにくく，物理風化によりそのままの組成で微細化してシルトや砂を形成する)。

かんらん石の風化を例に，化学風化の典型的なパターンを示す。

（1） 加水分解

格子欠陥や結合の切断面の電荷 (O^-) を H^+ が攻撃して

$$2(Mg, Fe^{II})_2SiO_4 + 4H_2O$$
$$\longrightarrow 2Mg^{2+} + 4OH^- + Fe_2SiO_{4(S)} + H_4SiO_{4(aq)}$$

（2）　酸加水分解

CO_2 の水への溶解によって生じた炭酸により

$$(Mg, Fe^{II})_2SiO_4 \ + \ 4\,H_2CO_3$$
$$\longrightarrow \ Mg^{2+} \ + \ Fe^{2+} \ + \ 4\,HCO_3^{\ -} \ + \ H_4SiO_{4(aq)}$$

（3）　酸化

$$2(Mg, Fe^{II})_2SiO_4 \ + \ \frac{1}{2}O_2 \ + \ 2\,H_2O$$
$$\longrightarrow \ Fe^{III}_{\ 2}O_{3(S)} \ + \ Mg_2SiO_{4(S)} \ + \ H_4SiO_{4(aq)}$$

風化により鉱物中の Si 比率は低下し，組成は反応系列上でより低位側へ変化する。溶脱したケイ酸イオンは，再重合して新たな鉱物を形成する。一方，Fe^{3+} および Al^{3+} は，Fe_2O_3 (ヘマタイト (赤鉄鉱))，$FeOOH$ (レピクドロサイト)，Al_2O_3 (ギブサイト) など難溶性の酸化物として残り，二次鉱物を形成する。

1.5.7　粘 土 鉱 物

土壌の主要成分である**粘土鉱物**は，2 次元構造の雲母あるいは 3 次元構造の長石の風化によって生成した層状ケイ酸塩鉱物である。雲母と同様の平面ケイ酸塩層の片面に Al^{3+} や OH^- がイオン結合しており，雲母と同様にサンドイッチ状の 2：1 構造 (ケイ酸塩層 2 に対し，$Al\cdot OH$ 層が 1) をとる**スメクタイト**と，1：1 構造 (ケイ酸塩層 1 に対し，$Al\cdot OH$ 層が 1) をとる**カオリナイト**の 2 種類がある。

（1）　スメクタイト

スメクタイトは，雲母の風化によって生成し，雲母と同様のサンドイッチ状の基本単位 (2：1 構造) をもつ (図 1.17)。雲母よりも基本単位どうしの層間が広く，各種陽イオンや水のような極性分子の吸着・解離が可能で高いイオン交換容量をもつ。そのため，土壌中では水や栄養塩類を豊富に保持することができ，また工業的な吸着剤・イオン交換体としても広く利用されている。

また，雲母の層間には入れない NH_4^+ や Cs^+ もスメクタイトの層間の 12 配位サイト (上下から各 6 個の O 原子には囲まれる空間) に安定に保持され，このサイトでの安定性は K^+ (イオン半径 133 pm) $< NH_4^+$ (143 pm) $\ll Cs^+$

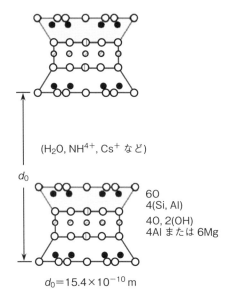

$$d_0 = 15.4 \times 10^{-10}\ \mathrm{m}$$

図 1.17　スメクタイト (2：1 粘土鉱物) の構造

(167 pm) となる。一方，イオン半径が小さい Na^+，Ca^{2+} などは電荷密度が高いため水和が強く，溶液中では常に複数の水分子に囲まれた水和イオンとして存在するので，この層間に入りにくい。そのため，スメクタイト系の粘土化合物は，高濃度の Na^+ などを含む海水中からでも Cs^+ を選択的に吸着することが可能であり，汚染水中の放射性 Cs の除去に用いられている。

(2)　カオリナイト

カオリナイトは，長石の風化 (酸加水分解)

$$CaAl_2Si_2O_8 \ + \ 2\,H_2CO_3 \ + \ H_2O$$
$$\longrightarrow \ Ca^{2+} \ + \ Al_2Si_2O_5(OH)_4 \ + \ 2\,HCO_3{}^-$$

により生成し，雲母と同様の平面ケイ酸塩骨格をもつ。雲母やスメクタイトとの構造の違いは，ケイ酸塩層の酸化物イオンがすべて同じ向きで積層し，ケイ酸塩層と Al・OH 層が 1：1 で基本単位となっている点である (図 1.18)。この場合，基本単位どうしの間は共有結合酸素と Al および OH イオンが接する形となり，雲母やスメクタイトよりも強い引力が生じるため層間が狭く，またイオン交換も起きにくい。そのため，スメクタイトと比較して栄養塩類や水の保

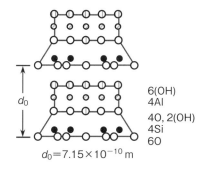

d_0

6(OH)
4Al

4O, 2(OH)
4Si
6O

$d_0 = 7.15 \times 10^{-10}$ m

図 1.18　カオリナイト (1：1 粘土鉱物) の構造

持能力も低い。

1.5.8　環境による土壌成分の違い

　土壌中の鉱物分布は，置かれた環境での風化されやすさに依存する。前述のように，風化には水の存在が大きく影響し，また風化で溶脱したケイ酸イオンは水とともに低い方へ運ばれるため，これに応じた分布となる。

　熱帯多雨地方の土壌では，表面近くや標高の高い場所ほど風化による変成が進んだ成分 (ギブサイトなど，鉱物から Si が抜け，Fe や Al の不溶性酸化物が残ったもの) が多く，農耕には向かない “痩せた土” となる。一方，深いところや低地に向かってケイ素の多い成分 (スメクタイトなど) が多く含まれるようになり，水や栄養分を保持できる，農耕に適したよい土となる。ただし，保水力が高い成分が多すぎると，水を含んで泥化し柔らかくなりすぎる一方で乾燥するとひび割れするなど，耕作に適さない泥濘地となってしまう。

　このように，鉱物の分布は環境に応じて一定の傾向を示すとともに，地表の環境を形成する重要な要因となっている。

章末問題 1

1.1　ハッブルが「銀河は地球からの距離に比例した速度で互いに遠ざかっている」ことを発見し，これをもとに「宇宙は等方的に膨張しながら冷え続けている」と結論したのはなぜか。例をあげて説明せよ。

1.2　He (ヘリウム) は宇宙元素存在度が高いにもかかわらず，地球の大気中にほとんど存在しない。考えられる理由を 3 つあげよ。

1.3 「カミオカンデ」によるニュートリノの検出について調べ，超新星爆発との関係について述べよ。

1.4 岩石型惑星の中で，地球だけが現在まで海洋を保持し続けられた具体的な理由を考えよ。

1.5 月の形成過程についての現在の説を調べよ。

1.6 地球以外の岩石型惑星でマントル対流がみられない理由を考えよ。

1.7 大気中 CO_2 濃度が 0.0270 %（産業革命以前）および 0.155 %（2100 年の最悪の予想値）の場合について，HCO_3^- 濃度が 2.00 mM の海水（いずれも 1 atm の大気で飽和しているものとする）の pH を求めよ。ただし，CO_2 の水への溶解平衡定数 $k_H = 0.0400$ mol/L，H_2CO_3 の解離定数 $k_1 = 4.00 \times 10^{-7}$ mol/L とする。

1.8 地震波トモグラフィーの原理について調べよ。

1.9 ボーキサイト（アルミニウムの鉱石）がどのような環境の場所からどのような形態で産出するかについて調べ，岩石の風化への環境の影響の観点から，その理由について考察せよ。

2 大気の化学と大気汚染

2.1 大気の組成

地球大気の組成の歴史的な変遷については，すでに1章で述べたが，ここで改めて現在の大気の組成について，整理しておく (表 2.1)。

地球大気の成分の大部分を占めているのは 78 % の窒素と 21 % の酸素であり，これに 0.9 % を占めるアルゴン以下，ネオン，ヘリウムなどの貴ガスが加わる。二酸化炭素の濃度は，年々増え続けており (4章)，現在すでに 415 ppm を超えている。二酸化硫黄，二酸化窒素とオゾンは，主として人類の活動によって生み出されたもので，代表的な大気汚染物質である。メタンと水素の発生源とし

表 2.1　地球大気 (乾燥空気) のおもな成分の濃度

成分	化学式	体積比	
		%	ppm
窒素	N_2	78.084	780,840
酸素	O_2	20.9476	209,476
アルゴン	Ar	0.934	9,340
二酸化炭素	CO_2	0.0314	314
ネオン	Ne	0.001818	18.18
ヘリウム	He	0.000524	5.24
メタン	CH_4	0.000181	1.81
クリプトン	Kr	0.000114	1.14
二酸化硫黄	SO_2	< 0.0001	< 1
水素	H_2	0.00005	0.5
一酸化二窒素	N_2O	0.000032	0.32
キセノン	Xe	0.0000087	0.087
オゾン	O_3	< 0.000007	< 0.07
二酸化窒素	NO_2	< 0.000002	< 0.02
ヨウ素	I_2	< 0.000001	< 0.01

日本工業規格 標準大気 (JIS W0201-1990, ISO 2533-1975) による。ただし，二酸化炭素については，現在この値とは大きく異なっている (本文参照)。

ては，エネルギー生産や工業生産などの人類の活動のほか，微生物 (嫌気性細菌) や牛などの家畜も含めた草食動物がある。一酸化二窒素は主として土壌の微生物によって排出されるが，その窒素原子の源は，ほとんどが耕作地の土壌に散布される窒素肥料であり，その発生量は人類の活動に依存している。二酸化炭素，メタンと一酸化二窒素は，地球温暖化にかかわっていると考えられており，このことについては後述する (5 章)。

2.2 大気汚染の原因

2.2.1 健康被害を引き起こす大気汚染物質

健康被害を引き起こす代表的な**大気汚染物質**としては，**二酸化硫黄，一酸化炭素，二酸化窒素，オゾン，浮遊粒子状物質 (SPM)** がある (図 2.1)。これらの物質の環境基準と人および環境への影響について，表 2.2 にまとめる。

2.2.2 二酸化硫黄

二酸化硫黄 (SO$_2$) は，硫黄を比較的多く含む重油や不純物として黄鉄鉱

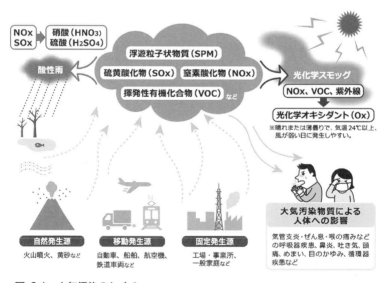

図 2.1 大気汚染のしくみ
(出典：CRC 食品環境衛生研究所 > 気になる大気のはなし > 大気汚染，
https://crc-group.co.jp)

表 2.2 代表的な大気汚染物質の環境基準とその健康への影響

物質	環境基準	人および環境への影響
二酸化硫黄 (SO_2)	1時間値の1日平均値が0.04 ppm以下であり，かつ，1時間値が0.1 ppm以下であること	四日市喘息などのいわゆる公害病の原因物質であるほか，森林や湖沼などに影響を与える酸性雨の原因物質ともなる
一酸化炭素 (CO)	1時間値の1日平均値が10 ppm以下であり，かつ，1時間値の8時間平均値が20 ppm以下であること	血液中のヘモグロビンと結合して，酸素を運搬する機能を阻害するなど影響を及ぼすほか，温室効果ガスである大気中のメタンの寿命を長くすることが知られている
浮遊粒子状物質 (SPM)	1時間値の1日平均値が0.10 mg/m³以下であり，かつ，1時間値が0.20 mg/m³以下であること	大気中に長時間滞留し，肺や気管などに沈着して呼吸器に影響を及ぼす
二酸化窒素 (NO_2)	1時間値の1日平均値が0.04 ppmから0.06 ppmまでのゾーン内またはそれ以下であること	呼吸器に影響を及ぼすほか，酸性雨および光化学オキシダントの原因物質となる
光化学オキシダント (O_3など)	1時間値が0.06 ppm以下であること	いわゆる光化学スモッグの原因となり，粘膜への刺激，呼吸器への影響を及ぼすほか，農作物など植物への影響も観察されている
微小粒子状物質 ($PM_{2.5}$)	1年平均値が15 μg/m³以下であり，かつ，1日平均値が35 μg/m³以下であること	疫学および毒性学の数多くの科学的知見から，呼吸器疾患，循環器疾患，肺がんの疾患に関して，総体として人々の健康に一定の影響を与えていることが示されている

環境基準は，環境基本法 第三節 環境基準 第十六条 に定められている。

(FeS_2) などの硫黄化合物を含む石炭が燃焼する際に，硫黄が酸化されて発生する気体状の物質である。主として火力発電所や工場で発生する。

$$S + O_2 \longrightarrow SO_2$$
$$4FeS_2 + 11O_2 \longrightarrow 8SO_2 + 2Fe_2O_3$$

呼吸器に入ると，鼻粘膜，喉や気管支，肺を刺激し，長期曝露により，慢性気管支炎，気管支喘息，喘息性気管支炎，肺気腫などを引き起こす。

二酸化硫黄は酸性雨の原因にもなるが，これについては 2.5 節で後述する。

2.2.3　二酸化窒素

石炭やバイオマスなど，窒素化合物を含む燃料を燃焼させると，一酸化窒素 (NO) が発生する。ガソリンやディーゼル油には窒素化合物はわずかしか含まれないが，燃焼時に空気中の窒素と酸素が反応して，一酸化窒素が発生する。

$$N_2 \;+\; O_2 \;\longrightarrow\; 2\,NO$$

つまり，燃焼には常に一酸化窒素の発生が伴うが，窒素と酸素の反応による一酸化窒素の発生量は燃焼温度に依存し，燃焼温度が高温になるほど発生量が大きい。発生源には，工場のボイラーなどの固定発生源と自動車などの移動発生源があり，移動発生源がほぼ半分を占めている。

一酸化窒素は，大気中で HO_2 ラジカルによって二酸化窒素 NO_2 に酸化される (HO_2 ラジカルの生成機構については，2.3.2 参照)。

$$NO \;+\; HO_2\!\cdot \;\longrightarrow\; NO_2 \;+\; OH\cdot$$

NO と NO_2 を合わせて，NOx (ノックス) とよぶ。

二酸化窒素は水によく溶けるので，降水によって大気中から除去されるが，一部はアルデヒドの酸化生成物と反応して，パーオキシアシルナイトレート (略称 PAN) となる。PAN は水にほとんど溶けないので大気中に滞留し，熱分解によって徐々に NO_2 を再生する。したがって，PAN は大気中の NO_2 のリザーバーとして機能し，NO_2 の大気中への残留を長引かせる原因となる。

PAN の生成機構を，アルデヒドとしてアセトアルデヒドが反応にかかわる場合について，以下に示す。

$$CH_3CHO \;+\; OH\cdot \;\longrightarrow\; CH_3CO\cdot \;+\; H_2O$$
$$CH_3CO\cdot \;+\; O_2 \;+\; M \;\longrightarrow\; CH_3C(O)OO\cdot \;+\; M$$
$$CH_3C(O)OO\cdot \;+\; NO_2 \;+\; M \;\longrightarrow\; CH_3C(O)OONO_2 \;+\; M$$
$$CH_3C(O)OONO_2 \;\longrightarrow\; CH_3C(O)OO\cdot \;+\; NO_2$$

高濃度の二酸化窒素は，呼吸器に悪影響を与えるほか，光化学スモッグを引き起こす光化学オキシダントの発生にもかかわる (2.3.2 参照)。

2.2.4 浮遊性粒子状物質 (エアロゾル)

気体に浮かぶ液体や固体の微粒子を**エアロゾル**とよぶ。小さい粒子は互いに寄り集まって急速に成長するし，大きい粒子は重力によって落下してしまうので，大気中にとどまるエアロゾルの直径は，$0.01\,\mu\mathrm{m}$ から $10\,\mu\mathrm{m}$ である。エアロゾル粒子は，呼吸によって吸引され，肺や気管に沈着して，呼吸器に影響を及ぼす。日本の環境基本法に基づく環境基準では，大気中に浮遊する粒径が $10\,\mu\mathrm{m}$ 以下の粒子状物質を**浮遊粒子状物質** (Suspended Particulate Matter：SPM) とよんでいる。

大気エアロゾルには，工場などから排出される煤塵 (ばいじん) や粉塵 (粉じん)，ディーゼル車の排気ガスに含まれる黒煙など人為的発生源によるものと，土壌の粒子など自然発生源によるものがある。また，発生源から直接大気中に排出される一次粒子と，気体として排出されたものが大気中で光化学反応などにより粒子に変化してできた二次粒子に分類される。大気エアロゾルを形成する粒子には，固体粒子ばかりでなく，二酸化硫黄から生じる硫酸や二酸化窒素から生じる硝酸 (酸性雨 (2.5 節) 参照) などの気体分子が凝集してできた液体粒

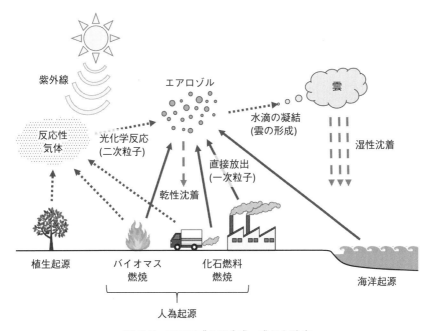

図 2.2 エアロゾルの生成，成長と除去

子もある。

　エアロゾル粒子のうち，比較的大きいものはそのまま降下するが (乾性沈着という)，小さいものは雲粒 (雲を構成する微小な水滴) に取り込まれた後，あるいは雨滴に取り込まれて，雨粒として降下し (湿性沈着)，大気中から除かれる (図 2.2)。

　大気エアロゾルは，太陽光を効果的に散乱するので，エアロゾルが生じると景色が霞んで見える。これが霞や靄 (もや) である。特に，エアロゾルが水を吸収して膨張すると，光の散乱が激しくなり，視程が大きく遮られる。

　図 2.3 に，都市大気中のエアロゾル粒子の典型的な粒径分布を示す。エアロゾル粒子の中でも特に直径 2.5 μm 以下のものは，**PM$_{2.5}$** とよばれている

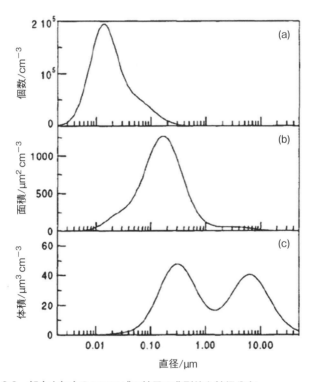

図 2.3　都市大気中のエアロゾル粒子の典型的な粒径分布
　　(a) 個数基準，(b) 表面積基準，(c) 体積 (質量) 基準
　　(出典：K. T. Whitby, Atmospheric Environment, **12**, 135–159
　　(1978) をもとに改変)

(PM は粒子状物質 Particulate Matter の略称)。$PM_{2.5}$ は，通常の粒子状物質より肺の奥まで入り込むため，喘息や気管支炎を引き起こす確率が高いとされており，2009 年 9 月に環境基準が設定され，監視・対策の対象になった。また，$PM_{2.5}$ は長期曝露による発がん性も疑われている。

2.2.5 排気ガス中の大気汚染物質

車の排気ガス中には，NOx や SPM の他に，**揮発性有機化合物 (VOC)** や**一酸化炭素** (CO) が含まれている。CO はそれ自身が強い毒性をもっているが，VOC は，それ自身の危険性より，光化学スモッグの原因となることの方がより重要である。

NOx，SPM，VOC，CO の発生効率は，エンジンの種類や車の走行状態に依存する。エンジンの始動時や回転数の少ない低速運転時には，不完全燃焼が起きやすいので，燃え残ったガソリンの成分が VOC として排出され，また CO も比較的多く排出される。一方，NOx は燃焼温度が高いほど多く生成するので，その排出量は高速運転時に増大する。

SPM を多く発生するのは，ディーゼルエンジンである。ディーゼルエンジンはまた，ガソリンエンジンより燃焼温度が高いので，NOx の発生量も多い。このことから，ディーゼルエンジン搭載の大型車の排ガス規制が，ここ数十年にわたって，特に重点的に進められてきた。

2.3 光化学スモッグ
2.3.1 光化学スモッグとは何か

自動車や工場などから排出される VOC と NO_2 が太陽の強い紫外線を受けると光化学反応が起き，**光化学オキシダント**と総称されるオゾン，アルデヒドや PAN (2.2.3 参照) などの酸化性物質が生成される。これらの物質は，最初に生成される汚染物質 (一次汚染物質) がもとになって生成される物質なので，**二次汚染物質**ともよばれる。光化学オキシダントの中で最も大きな割合を占めるのは，オゾン O_3 である。

光化学オキシダントが高濃度となる場合には，目や呼吸器などの粘膜を刺激して，目がチカチカする，涙が出る，のどが痛いなどの健康被害が発生することがある。また，光化学オキシダントが，風が弱く大気中で拡散されずに滞留し，エアロゾルになると，空が霞んで白いモヤがかかったような状態になる。

図 **2.4** 光化学スモッグの発生

この状態を**光化学スモッグ**という (図 2.4)。

2.3.2 オゾンの発生機構

　光化学オキシダントの中心物質であるオゾンの発生機構は複雑である。3 章で述べるように，成層圏では，酸素分子 O_2 が 240 nm 以下の波長の紫外線を吸収することによってオゾンが発生し，大量のオゾンが存在しているが，このような短い波長の紫外線は成層圏の酸素分子によってほとんどすべて吸収され，対流圏には届かないために，本来，対流圏にはオゾンは少ない。それでも，わずかな量でもオゾンが存在すると，320 nm 以下の波長の紫外線を吸収することによってオゾンは解離し，酸素原子 O を生じる。この酸素原子が空気中の水 (水蒸気) と反応することによって，ヒドロキシルラジカル OH• が生じる。

$$O_3 \ + \ h\nu \ (\lambda < 320\,\text{nm}) \ \longrightarrow \ O_2 \ + \ O$$

$$O \ + \ H_2O \ \longrightarrow \ 2\,OH•$$

　ヒドロキシルラジカルは VOC (主として炭化水素，図 2.5 では RH と書き表してある) を酸化してペルオキシルラジカル RO_2• を生成し，これが NO を酸化して NO_2 を生じる。NO_2 は紫外線を吸収して解離し，次の反応によって

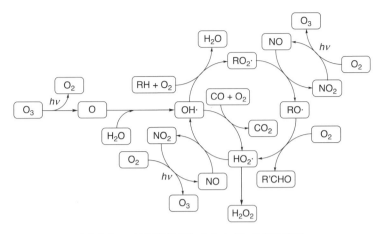

図 **2.5** 　一次汚染物質によるオゾン増幅の機構

オゾンを生成する。

$$NO_2 \ + \ h\nu \ \longrightarrow \ NO \ + \ O$$
$$O \ + \ O_2 \ + \ M \ \longrightarrow \ O_3 \ + \ M$$

ここで, M は過剰のエネルギーを受け取って生成物を安定化させる物質で第三体とよばれる。気相反応では, しばしば第三体の関与を必要とする。

図 2.5 に示すように, オキシルラジカル RO• の生成以降, 次々に反応が連鎖していくが, その連鎖はサイクルとなっていて, RH が供給され続ける限り, サイクルは回り続ける。そして, このサイクルが回ることによって, オゾンの濃度は上昇し続ける。もちろん, この図には描かれていないがオゾンを消費する反応もあるので, オゾン濃度は一方的に増え続けるわけではないが, このサイクルがオゾン濃度を増幅する役割を果たしていることは明らかである。

図 2.5 から, オゾンの大量発生のためには, VOC (RH) と NO と紫外線の存在が不可欠であることは明らかであり, これら 3 つの条件が揃うと, 光化学スモッグが発生しやすくなることがわかる。

2.4　大気中 (対流圏) での化学反応
2.4.1　酸化と還元
　分子やイオンの間で電子をやり取りする反応を, 酸化還元反応という。例えば, Cu (単体, 金属) は酸素と反応して酸化銅 (II) が生成するが, この反応は

次式のように銅原子から酸素分子への電子移動によって成り立っている。

$$2\,Cu \longrightarrow 2\,Cu^{2+} + 4\,e^-$$
$$O_2 + 4\,e^- \longrightarrow 2\,O^{2-}$$
$$\underline{2\,Cu^{2+} + 2\,O^{2-} \longrightarrow 2\,CuO}$$
$$2\,Cu + O_2 \longrightarrow 2\,CuO$$

　この反応における Cu のように，電子を失った物質は「**酸化された**」といい，O_2 のように電子を受け取った物質は「**還元された**」という。Cu のように自分自身は酸化され，相手を還元する物質を**還元剤**，O_2 のように自分自身が還元され，相手を酸化する物質を**酸化剤**という。大気中での硫黄酸化物や窒素酸化物の生成やオゾンの生成も，酸化還元反応である。

　反応に伴ってどの物質が酸化され，どの物質が還元されたかを判断するには，**酸化数**が役立つ。酸化数は物質中の原子の酸化の進行段階を表す数で，次の規則に従って決められる。

---

1. ある化学種の中の全原子の酸化数の和は，全体の電化数に等しい。
2. 単体中の原子は　　　0
3. 1 族の原子は　　　　+1
   2 族の原子は　　　　+2
4. 水素は　　　　　　　+1　（非金属との結合）
   　　　　　　　　　　−1　（金属との結合）
5. フッ素は　　　　　　−1
6. 酸素は　　　　　　　−2　（F 以外との結合）
   　　　　　　　　　　−1　（過酸化物イオン $O_2{}^{2-}$）
7. ハロゲンは　　　　　−1　（相手の元素が酸素である場合や，自分より
   　　　　　　　　　　　　　電気陰性度の大きいハロゲンである場合を
   　　　　　　　　　　　　　除く）

　例えば，ヒドロキシルラジカルの生成反応

$$O + H_2O \longrightarrow 2\,OH\cdot$$

を例にとって，原子の酸化数の変化を調べ，どの物質が酸化剤で，どの物質が還元剤か調べてみよう。

　水素原子 H の酸化数は +1 のまま変わらないので，酸化還元にかかわる原子

は O である。反応式の左辺の O は結合していない遊離の原子だから，酸化数
は 0，H_2O の O は −2 である。これに対し，右辺の OH• では，H は +1 で分
子全体が 0 だから，O の酸化数は −1 である。したがって，酸化数が 0 と −2
の酸素原子が，反応によって酸化数 −1 の酸素原子 2 つに変わったことになる。
左辺の遊離の O に由来する酸素原子は，酸化数が 0 → −1 へと変化していて，
自分自身が還元されたことになるので，O は酸化剤である。H_2O に由来する
酸素原子の酸化数は −2 → −1 へと変化しており，自分自身が酸化されている
ので，H_2O は還元剤である。

2.4.2　大気の酸化力

　光化学スモッグ発生のカギを握っているのは，ヒドロキシルラジカル OH•
である。ヒドロキシルラジカルは強い酸化力 (酸化反応を引き起こす力) をも
ち，炭化水素ばかりでなく，大気中の様々な物質を酸化する。

　酸素分子 O_2 やオゾン O_3 も酸化剤であるが，反応性はさほど高くないので，
酸素やオゾンによる酸化反応の進行は非常に遅い。これに対し，OH• による酸
化反応ははるかに速い。したがって，大気の酸化力を担う主要な化学種である。

　OH• による酸化反応は，オゾンという大気汚染物質を発生するという負の側
面ばかりでなく，大気汚染物質を分解除去するという正の側面ももつ。例えば，
CO やメタン (CH_4) は OH• によって酸化される。OH• による酸化のために，
CO の大気中での寿命は数か月程度に収まっているが，もしこれがなかったと
したら，CO は大気中に蓄積され，人類の生存は，危うくなってしまう。成層
圏のオゾン層を破壊するフロン (3 章) も，対流圏で OH• によってその一部が
酸化され，分解されることがわかっている。そのことを利用して，より酸化さ
れやすいフロンを開発し，冷媒などに用いられている既存のフロンをこれに置
き換えることによって，オゾン層の破壊を防ぐ試みも行われている。このよう
に，OH• には大気の掃除屋としての重要な役割がある。

2.4.3　寿命，滞留時間と定常濃度

　大気中の物質濃度の時間変化を考えるとき，最も単純なモデルとして図 2.6
のようなモデルがある。ボックス内を大気と考え，m (kg) の物質 X が，ボッ
クス内に均一に存在するものとする。X の消失過程として，化学反応 (速度：
L (kg/s))，降雨などによる沈着 (速度：D (kg/s))，拡散などの系外への流出
(速度：F_{out} (kg/s)) の 3 つがあるとき，次式で表される τ (s) を**寿命**，あるい

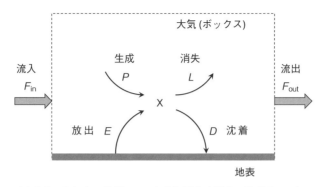

図 2.6 大気中の物質 X の生成と消失に関する簡単なモデル

は**滞留時間**とよぶ。

$$\tau = \frac{m}{F_{\text{out}} + L + D}$$

消失過程が化学反応の場合は，寿命という用語が，拡散とか沈着などの物理的
な過程の場合は，滞留時間という用語が使われる場合が多い。τ を 3 つの過程
それぞれの寿命 ($\tau_{\text{out}} = m/F_{\text{out}}$, $\tau_{\text{c}} = m/L$, $\tau_{\text{d}} = m/D$) で表すと

$$\frac{1}{\tau} = \frac{1}{\tau_{\text{out}}} + \frac{1}{\tau_{\text{c}}} + \frac{1}{\tau_{\text{d}}}$$

となる。

　一方，このボックスに一定速度で X が供給されており，供給と消失の速度が
つり合っていると，X の量は時間によらず一定に保たれる。この状態を**定常状
態**という。

$$F_{\text{in}} + P + E = F_{\text{out}} + L + D$$

　このとき，X の質量 m を求めることができる。簡単のために，X は化学反
応 (P) だけで生成し，化学反応 (L) だけで消失するものとしよう。

$$P = L$$

$L = m/\tau_{\text{c}}$ だから

$$P = \frac{m}{\tau_{\text{c}}}, \qquad m = P\,\tau_{\text{c}}$$

である。系が定常状態にあるときの単位体積あたりの質量 (kg/m^3) を**定常濃
度**という。単位体積あたりの質量ではなく，単位体積あたりの物質量 (mol/L

など) で表す場合もある。

2.4.4 窒素分子の安定性

前述のように，大気中には OH• などの強い酸化剤が存在し，様々な物質が酸化される。一方，大気中に最大の比率を占める窒素 (N_2) が，長期間，酸化されることなく安定に存在しているのはなぜだろうか。表 2.3 には，窒素，炭素，硫黄の酸化物の 25°C における標準生成エンタルピー ($\Delta_f H°$) が示されている。標準生成エンタルピーとは，その化合物 1 mol をその成分元素の単体から生成するときに，まわり (熱力学では外界という) から取り込む熱エネルギーである[†]。例えば，NO の標準生成エンタルピーは，次の反応に伴って外界から取り込まれる熱エネルギーである。

$$\frac{1}{2}N_2 \ + \ \frac{1}{2}O_2 \ \longrightarrow \ NO, \quad \Delta_f H° = +90.25 \, kJ/mol$$

標準生成エンタルピーが正の値を示すのは，反応にはエネルギーの供給が必要で，反応が吸熱反応のときである。負の値を示すのは，反応に伴ってエネルギーが放出され，反応が発熱反応のときである。炭素や硫黄の酸化物は炭素や硫黄の単体に比べて非常に安定なので，酸化反応に伴って余分なエネルギーが熱として放出され，$\Delta_f H°$ の値は負になる。それに対して，窒素酸化物の $\Delta_f H°$ の値はいずれも正であり，このことは，窒素酸化物が比較的不安定で，生成しにくいことを物語っている。

表 2.3 気体状酸化物の 25°C における標準生成エンタルピー ($\Delta_f H°$)

	$\Delta_f H°/kJ\,mol^{-1}$
NO	+90.25
NO_2	+33.18
CO	−110.53
CO_2	−393.51
SO_2	−296.83
SO_3	−395.71

(出典：P. W. Atkins and J. de Paula, 千原秀昭 他訳, アトキンス 物理化学要論 第 7 版, 東京化学同人, 2020)

[†] "標準"というのは，その反応を標準状態 (1.0×10^5 Pa) で行ったときの値を表している。記号 $\Delta_f H°$ の右肩の ° が，標準状態での値であることを示している。

表 2.4　平均結合エンタルピー

結合の種類	平均結合エンタルピー/kJ mol^{-1}
N≡N	946
N=N	409
N−N	163
O=O	497
O−O	146
C=C	612
C−C	348

(出典：M. Weller *et al.*, 田中勝久 他訳, シュライバー・アトキンス無機化学 (上) 第6版, 東京化学同人, 2016)

　窒素酸化物が不安定であるというのは, 裏を返せば, 窒素分子が非常に安定であるということである。そのことは, 窒素分子を構成する窒素原子間の結合エネルギーの値を見るとよくわかる。表2.4は, 代表的な化学結合の平均結合エンタルピーを表している。平均結合エンタルピーとは, その結合を切断するために必要なエネルギーである。

　窒素分子の2つの窒素原子は, 三重結合でつながっているが, これを切断するには, 1 mol あたり 946 kJ のエネルギーが必要である。特に, 3本の結合のうちの1本を切るだけでも, 946 kJ − 409 kJ ＝ 537 kJ のエネルギーが必要であることは, この結合が他の結合に比べて格段に強いことを示している。

　人類の関与しない自然界での窒素酸化物の生成は, 雷による放電, アンモニアの酸化, 土壌微生物による生成などによるが, その生成量の合計は, 化石燃料やバイオマスの燃焼による生成量の1/4にすぎない (表2.5)。しかも, 現状

表 2.5　対流圏の窒素酸化物の発生源

	発生量/10^{12} g 窒素原子・年$^{-1}$
化石燃料の燃焼	21
バイオマスの燃焼	12
土壌	6
雷の放電	3
アンモニアの酸化	3
航空機	0.5
成層圏からの輸送	0.1

(出典：D. J. Jacob, 近藤豊 訳, 大気化学入門, 東京大学出版会, 2002)

では，土壌における微生物による窒素酸化物の窒素源は大部分が人工の窒素肥料なので，それを除けば，自然界での窒素酸化物の生成量はさらに少ない。大部分の窒素は，化学変化を受けることなく大気中にとどまっているのである。

2.5 酸 性 雨

2.5.1 酸 と 塩 基

多くの物質に共通の化学的性質の１つとして，**酸**あるいは**塩基**としての性質がある。酸・塩基の古典的な定義としては，**アレニウスの定義**がある。

酸：水中で解離して水素イオン H^+ を生じる物質

塩基：水中で解離して水酸化物イオン OH^- を生じる物質

そもそも水分子は液体状態でわずかに解離し，水素イオンと水酸化物イオンを生じる。

$$H_2O \rightleftharpoons H^+ + OH^-$$

純水に含まれる H^+ と OH^- は同じ量であるが，ここに HCl のような酸を加えると H^+ が過剰になって溶液は酸性になり，NaOH のような塩基を加えると OH^- が過剰になって溶液は塩基性になる。このように H^+ と OH^- によって水中での酸と塩基の働きを説明することができる。

しかし，アレニウスの定義には不十分な点もあった。例えば，アンモニア水は NaOH 水溶液と同じような性質を示すが，アンモニア NH_3 は水中で解離するわけではないので，上の塩基の定義には当てはまらない。また，アレニウスの定義は気相や固相における反応や水以外の溶媒中での反応には適用できない。

このようなアレニウスの定義の欠点を補うために，ブレンステッドとローリーによって，酸・塩基の定義は次のように拡張された (**ブレンステッド–ローリーの定義**)。

酸：プロトン (水素イオン) H^+ を他の物質に渡すことができる物質

塩基：プロトン H^+ を他の物質から受け取ることができる物質

この定義によれば，アンモニアは水からプロトンを受け取る物質として，塩基の定義に当てはまるし，気相においてアンモニアが塩化水素と反応して塩化アンモニウム微粒子の白煙が生じる反応も，酸と塩基の反応とみなすことができる。

$$NH_3 + H_2O \rightleftharpoons NH_4^+ + OH^-$$

$$NH_3 \ + \ HCl \ \longrightarrow \ NH_4^+ \ + \ Cl^- \ \longrightarrow \ NH_4Cl$$

　今日の化学では，有機化合物や金属酸化物，金属錯体なども包括的に取り扱うための酸・塩基の定義として，ルイスの定義が用いられているが，それについては他書に譲る。

2.5.2　pH

　水溶液の酸性・塩基性の度合いを測る尺度として，pH が用いられる。pH は水素イオンのモル濃度の常用対数に負の符号をつけたものである。

$$pH = -\log[H^+]$$

　純水中の水素イオンのモル濃度 $[H^+]$ と水酸化物イオンのモル濃度 $[OH^-]$ の積は，25°C では 1.0×10^{-14} で，純水中では $[H^+] = [OH^-]$ なので $[H^+] = [OH^-] = 1.0 \times 10^{-7}$ である。したがって，純水の pH は 7 である。次式によって pOH を定義すると

$$pOH = -\log[OH^-]$$

純水では pOH = 7 である。そして，温度が 25°C で一定である限り

$$[H^+][OH^-] = 1.0 \times 10^{-14}$$

$$pH + pOH = 14$$

が成り立ち，これらの量の間には，図 2.7 のような関係が成り立つ。

2.5.3　二酸化炭素の水への溶解

　二酸化炭素は極性のない分子なので，そのままでは水に溶けにくいが，水と反応して炭酸になり，溶解する。炭酸は弱酸で，水中で解離し，プロトンを生

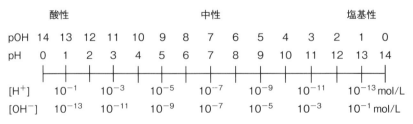

図 2.7　水溶液の酸性，塩基性と pH，pOH

じて水を酸性にする。

$$CO_2 \ + \ H_2O \ \rightleftharpoons \ H_2CO_3 \tag{2.1}$$

$$H_2CO_3 \ \rightleftharpoons \ H^+ \ + \ HCO_3^- \tag{2.2}$$

炭酸水素イオン HCO_3^- はさらに解離することもできるが、通常の自然環境に近い条件下では、この2段目の解離は起こらない。

$$HCO_3^- \ \rightleftharpoons \ H^+ \ + \ CO_3^{2-} \tag{2.3}$$

ところで、大気圧の空気で飽和した純水の pH がいくらになるか、計算してみよう。式 (2.1) と式 (2.2) を合わせた平衡は、次式で表すことができる。

$$CO_2 \ + \ H_2O \ \rightleftharpoons \ H^+ \ + \ HCO_3^- \tag{2.4}$$

式 (2.4) の解離平衡の平衡定数は

$$K = \frac{[H^+][HCO_3^-]}{[CO_2]} = 4.47 \times 10^{-7} \ M \tag{2.5}$$

である。反応系に他の酸や塩基がないときには $[H^+] = [HCO_3^-]$ だから (**電気的中性の原理**)

$$K = \frac{[H^+]^2}{[CO_2]} = 4.47 \times 10^{-7} \ M \tag{2.6}$$

$25°C$ で、$1\,atm$ の CO_2 は、水 $1\,L$ に $0.759\,L$ 溶ける。大気中の濃度を 0.04% とすると、大気中の CO_2 の分圧は $(0.04/100)\,atm$ だから、ヘンリーの法則 (液体に溶解する気体の物質量は、気体の分圧に比例する) を仮定すると、大気で飽和した水の中の CO_2 のモル濃度は

$$[CO_2] = \frac{0.759\,L}{22.4\,L/mol} \times \frac{0.04}{100} = 1.36 \times 10^{-5} \ M \tag{2.7}$$

となる。これを式 (2.6) に代入すると

$$[H^+] = \sqrt{[CO_2] \times K} = \sqrt{4.47 \times 10^{-7} \times 1.36 \times 10^{-5} \ M^2}$$
$$= \sqrt{6.08 \times 10^{-12} \ M^2} = 2.47 \times 10^{-6} \ M \tag{2.8}$$

したがって、大気で飽和した水の pH は

$$pH = -\log[H^+] = -\log(2.47 \times 10^{-6}) = 6 - \log 2.47 = 5.61 \tag{2.9}$$

となる。

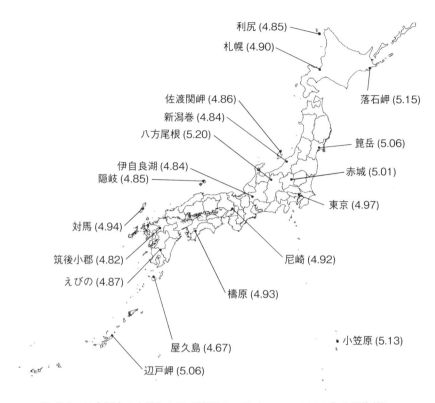

図 2.8　日本国内の各地における降雨の pH (2016〜2020 年の平均値)
(出典：環境省 > 令和 2 年度酸性雨調査結果について，
https://www.env.go.jp/air/acidrain/monitoring/r02/index.html)

2.5.4　降水の pH

　人類の活動の影響をほとんど受けない地域では，降水には二酸化炭素のみが溶解するので，前項の計算結果からわかるように，降水の pH の値は 5.6 以上になるはずである。しかし，人口の多い地域では，降水の pH の値は大抵これより小さい。すなわち，降水がより酸性になっている。pH の値が 5 より小さい降水を，**酸性雨**とよぶ。図 2.8 は，近年の日本各地の降水の pH の値を示しているが，ほとんどの地域の降水が酸性雨になっている。

2.5.5　酸性雨発生のメカニズム

　降水が酸性になる (降水の pH の値が小さくなる) のは，降水中に硝酸 (HNO_3)

や硫酸 (H_2SO_4) が含まれており，これらの酸が解離 (電離) して水素イオンが生じるからである。硝酸や硫酸の発生源は，大気汚染物質である二酸化窒素と二酸化硫黄である (2.2 節)。二酸化窒素と二酸化硫黄が硝酸と硫酸になる過程には，ヒドロキシルラジカルがかかわっている[†]。

$$NO_2 + HO\cdot + M \longrightarrow HNO_3 + M$$
$$SO_2 + HO\cdot + M \longrightarrow HSO_3 + M$$
$$HSO_3 + O_2 \longrightarrow SO_3 + HO_2\cdot$$
$$SO_3 + H_2O + M \longrightarrow H_2SO_4 + M$$

ここで，M は生成物に衝突することにより，生成物のもつ過剰なエネルギーを取り除いて安定化させる役割を果たす分子で，第三体とよばれる。大気中においては，酸素や窒素がその役割を果たす。

　これらの反応によって生成した酸がエアロゾルを形成し，雲粒や雨滴に取り込まれて酸性雨となる。

2.5.6 酸性雨による被害

　降水が酸性化すると，生物，特に水生生物に影響が及ぶのではないかと懸念される。しかし，降水は必ずしも直接生物に触れるわけではない。降水の大部分は，まず土壌に染み込む。土壌には酸を吸収してその作用を緩和する機能がある。これを**緩衝作用**という。土壌は鉱物やフミン酸[‡] の微粒子で構成されており，その粒子の表面は負に荷電していて，K^+，NH_4^+ や Mg^{2+}，Ca^{2+} などの陽イオンが吸着している。これらの陽イオンと酸性雨の水素イオンが交換し，水素イオンが土壌に吸着固定されることによって，降水は中性に近づく。

　しかし，交換可能なイオンの容量 (イオン交換容量) には限界があり，特に土壌のもとになった鉱物が酸性のときには，交換容量が小さい。したがって，酸性雨の降雨が続けば，いずれは酸性雨が中和されることなく河川や湖沼に直接流れ込み，水生生物に影響を与えるようになる。河川や湖沼の水の pH が 5 以

[†] OH• が少なくなる夜間には，下記の機構で硝酸が生成する。

$$NO_2 + O_3 \longrightarrow NO_3 + O_2$$
$$NO_3 + NO_2 + M \longrightarrow N_2O_5 + M$$
$$N_2O_5 + H_2O \longrightarrow 2\,HNO_3$$

[‡] 植物などの微生物による分解によって形成された最終生成物のうち，酸性の物質。

下になると，プランクトンや魚の生育に影響が出るようになる。実際，北欧や
カナダでは，生物が生息できなくなった湖沼が多数出現している。

　酸性雨は，人工物にも影響を与える。銅像 (ブロンズ像) や亜鉛めっき鋼板な
どの金属の**腐食**や石灰岩などの石材の溶解などは，顕著な被害として知られて
いる。コンクリートには塩基である $Ca(OH)_2$ が大量に含まれているので，直
ちに酸によって大きく腐食することはない。コンクリートが酸に触れると，表
面から次第に中和反応が進み (これを**中性化**という)，$CaCO_3$ や $CaSO_4$ が生
じる。$CaCO_3$ は強い酸である硝酸などには溶けるので，溶解が進むこともあ
る。コンクリートにつららが生じているのは，このような場合である。中性化
が進行し，ひとたび酸がコンクリートに包まれている鉄筋にまで及ぶと，鉄筋
の腐食が始まる。鉄筋の腐食は鉄の酸化 ($4\,Fe + 3\,O_2 \longrightarrow 2\,Fe_2O_3$) なので，
鉄筋の体積が増大してコンクリートの剥離やひび割れを生じ，酸の侵入をさら
に加速させるとともに，構造物の強度を大きく低下させる。

2.6　大気汚染による健康被害
2.6.1　ロンドンスモッグ

　短期間に発生した大気汚染による健康被害として過去最大のものは，1952 年
12 月のロンドンスモッグである。当時，ロンドンでは，家庭の暖炉の燃料と
して石炭が用いられており，各住宅の煙突から二酸化硫黄と粉塵が大量に放出
されていた。また，ちょうど路面電車の駆動力を，電気からディーゼルエンジ
ンに切り替えたところであった。厳寒による石炭燃焼量の増加に，放射冷却に
よって冷えた空気の地表付近への滞留が重なって，大気汚染はピークに達し，
12 月 5 日から 9 日の 5 日間だけで，ロンドン市内の死亡者数が通常より 4000
人増加した。また，その後の数週間で，さらに 8000 人が死亡した。その当時
測定された大気汚染物質の日平均濃度は，SO_2 が 0.7 ppm (当時の平常時の 7
倍，今日の環境基準の 18 倍)，総粉塵は 1.6 mg/m^3 (当時の平常時の 9 倍，今
日の環境基準の 16 倍) であった。スモッグは室内にも侵入し，映画館でスク
リーンが見えないほどであったという。大量の死者が出たのは，二酸化硫黄と
粉塵の個々の効果が足し合わさったためだけでなく，この 2 つの相乗的な効果
により，毒性が一層高まったためであると考えられている。

　これを機にイギリスでは，1956 年に大気浄化法が制定された。また，この
事件は，大気汚染が深刻な問題であることを全世界に知らしめる最初の機会と
なった。

2.6.2 四日市喘息

日本では，1960年代，四日市市で多数の喘息患者が発生し，死者が出るに至った。三重大学の研究者を中心に，国民健康保険の受診記録をもとに毎月の喘息などの呼吸器系疾患の受診件数を地区別に集計した結果，石油化学コンビナート周辺の大気汚染の激しい地区では，他地区に比べて受診率が明らかに高いことが示された。これにより，石油化学コンビナートから排出される硫黄酸化物が原因であることが明らかになった。この事件を機に，1968年に大気汚染防止法が制定され，工場のボイラーに排煙脱硫装置を取り付けるなどの本格的な汚染防止対策が始まった。

2.6.3 光化学スモッグ

日本で光化学スモッグによる被害が初めて明らかになったのは，1970年である。東京都杉並区の高校生43名が，グランドでの体育の授業中に目に対する刺激やのどの痛みを訴えた。実は，これ以前(1960年代後半)にもすでに光化学スモッグは発生しており，農作物に被害が及んでいたことが判明しているが，健康被害が確認されたのは，これが最初であった。1970年以降，光化学スモッグによる健康被害は多発し，発生の危険性が高い日には光化学スモッグ注意報が発令されるようになった。東京都での注意報の発令日数は，1973年には年間40日に達した。その後，年間発令日数は年々減少したが，現在も健康被害の届け出こそほとんどないものの，注意報の発令は続いており，最も頻発している埼玉県では，年間10数日発令されている。

一方，近年増加しているのは，九州北部，特に離島などでの光化学スモッグの発生である。この場合，中国の砂漠地帯から飛来する黄砂粒子に，中国や韓国の工業地帯上空で大気汚染物質が吸着し，それが光化学スモッグの発生源になっていると考えられている。

2.6.4 現在の健康被害

今日，日本では大気汚染による直接の健康被害は少なくなっているが，WHOによると，今なお，世界人口の約90％が汚染された大気の下で暮らし，健康被害のリスクに晒されている。その結果，2016年には，大気汚染が原因となって肺がんや呼吸器疾患などで死亡した人が，年間約700万人に及んでいる。特に汚染が深刻なのはアジア・アフリカを中心にした低・中所得国で，大気汚染を原因とする死者の90％以上がこの地域の住民である。

　日本各地の大気汚染の現状については，そらまめくん (環境省大気汚染物質広域監視システム，http://soramame.env.go.jp/) に時々刻々公開されている。大気汚染に関連する様々な解説も提供されているので，ぜひ参考にしてほしい。

2.7　大気汚染防止の対策

2.7.1　排煙脱硫装置

　1962 年に「ばい煙の排出の規制に関する法律」が制定され，大気汚染防止のための法規制が行われるようになった。続いて，1967 年の**公害対策基本法**制定，1968 年の**大気汚染防止法**制定によって法規制が強化されるに従って，煙の排出に伴う大気汚染を防止する具体的な方策として，排煙脱硫装置と排煙脱硝装置の開発・導入が進んだ。

　現在，工場や火力発電所などの大規模ボイラーの排煙脱硫に用いられているのは，石灰–石膏法である。この方法では，二酸化硫黄を石灰石スラリー (石灰石を水に分散したもの，主成分は $CaCO_3$) あるいは石灰スラリー (石灰を水に分散したもの，主成分は $Ca(OH)_2$) に吸収させ，さらにそれを酸素で酸化して，石膏として回収する。得られた石膏は，建築材料などに利用される (図 2.9)。

$$SO_2 \; + \; CaCO_3 \; + \; \frac{1}{2}H_2O \; \longrightarrow \; CaSO_3 \cdot \frac{1}{2}H_2O \; + \; CO_2$$

$$SO_2 \; + \; Ca(OH)_2 \; \longrightarrow \; CaSO_3 \cdot \frac{1}{2}H_2O \; + \; \frac{1}{2}H_2O$$

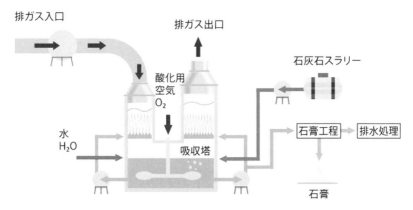

図 2.9　石灰–石膏法による代表的な排煙脱硫装置の処理フロー
(出典：ソブエクレー株式会社，http://www.sobueclay.co.jp/fume)

$$\mathrm{CaSO_3 \cdot \frac{1}{2}H_2O \; + \; \frac{1}{2}O_2 \; + \; \frac{3}{2}H_2O \; \longrightarrow \; CaSO_4 \cdot 2\,H_2O}$$

大規模ボイラーの排ガスには，窒素酸化物も含まれているので，同時に排煙脱硝装置も設置されている。窒素酸化物除去の方法については，自動車の排ガス処理 (2.7.4 参照) で扱う。

2.7.2 燃料の低硫黄化

一方，燃料そのものに含まれる硫黄を削減する努力も重要である。重油は，水素化脱硫という方法で精製される。水素化脱硫は，重油を水素と一緒に，モリブデンとコバルトやニッケルの硫化物を使った触媒に高温・高圧下で通すことにより，硫黄，窒素などを含む化合物を分解する方法である。これによって窒素はアンモニア，硫黄は硫化水素として除去される。硫黄原子を含む石油成分の一例として，チオフェンは次式のように還元される。

$$\mathrm{C_2H_5SH \; + \; H_2 \; \longrightarrow \; C_2H_6 \; + \; H_2S}$$

生成した硫化水素の一部を酸化して二酸化硫黄とし，それを硫化水素と反応させることによって硫黄を生成する。

$$\mathrm{2\,H_2S \; + \; 3\,O_2 \; \longrightarrow \; 2\,SO_2 \; + \; 2\,H_2O}$$

$$\mathrm{2\,H_2S \; + \; SO_2 \; \longrightarrow \; 3\,S \; + \; 2\,H_2O}$$

全体をまとめると，反応は次式で表すことができる。

$$\mathrm{2\,H_2S \; + \; O_2 \; \longrightarrow \; 2\,S \; + \; 2\,H_2O}$$

以上のプロセスによって，重油から硫黄成分を除くとともに，硫黄 (単体) を資源として回収することができる。回収された硫黄は，ゴムの加硫などに利用される。現在，国内で流通している硫黄は，全量が脱硫装置起源のものである。

2.7.3 自動車の排ガス規制と排ガス処理

（1） 排ガス規制の歴史

アメリカでは，1950 年代から 1960 年代にかけて，自動車台数の増加と高排気量化のために大気汚染が深刻化した。1963 年に連邦法として**大気浄化法** (大気清浄法ともいう。Clean Air Act：CAA) が成立したが，大気汚染対策は基本的には州や地方自治体の責任で，なかなか効果が上がらなかった。そこで，上院議員のエドマンド・マスキーが，さらに厳格な排ガス規制を実現しよう

大気浄化法の改正案(大気汚染防止法,通称**マスキー法**)を提出し,1970年に成立した。新しく生産する自動車の排ガス中の一酸化炭素,炭化水素と窒素酸化物の濃度を,1970〜1971年型の1/10以下にするというもので,それまで排ガス改善の努力をほとんどしてこなかったアメリカの自動車メーカー各社は,とても規制値を満たすことはできないと,規制に反発するばかりであったが,アメリカの市場に期待を寄せる日本の自動車メーカーは,この規制をクリアするために技術革新を進めた。まず HONDA がアメリカの規制値を満たす CVCC エンジンの開発に成功し,続いて東洋工業(現 マツダ)のロータリーエンジンも規制値をクリアした。このことが日本の自動車メーカーの技術に対する信頼

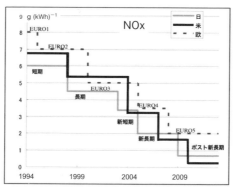

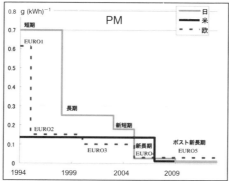

図 2.10 窒素酸化物と粒子状物質に関するディーゼルトラック・バスの排ガス規制の推移
(出典:経済産業省・国土交通省・環境省など,クリーンディーゼル普及推進方策(クリーンディーゼル普及推進戦略 詳細版),2008 より引用)

を生み，日本車のアメリカへの輸出の急速な拡大につながった。

　一方，日本では，自動車の交通量が急増し，大都市では交通渋滞も激化して，大気汚染が深刻化した。1968 年に大気汚染防止法が制定され，環境基準が制定されたが，環境基準を達成できない区域がなかなか減少しなかった。このため，1992 年には新たに自動車 NOx 法が制定され，1993 年 12 月から施行された。自動車 NOx 法では，これまで二酸化窒素に関する環境基準の確保が困難であった地域を特定地域として指定し，特定地域では規制に適合しない古い自動車の使用を認めないという規制 (車種規制) を導入した。自動車 NOx 法は，2002 年 5 月には SPM 対策を盛り込んだ**自動車 NOx・PM 法**に改訂された。同法でも車種規制を導入し，首都圏 (埼玉県・千葉県・東京都・神奈川県)，大阪府・兵庫県，愛知県・三重県の大都市圏において，使用できる車種を NOx や PM の排出の少ない車のみに限定した。その後も，窒素酸化物と粒子状物質に関する排出ガス規制は数次にわたって強化され (図 2.10)，また，地方自治体の条例による規制も加わって，排出量は低減されてきた。

（2）　法的規制の種類

▌単体規制

　一定の走行条件下で測定された排ガス中の大気汚染物質の濃度が基準を満たしていない車両の新車登録をさせないことにより，基準を満たす排ガス性能をもつ車両のみを製造・輸入・販売させる規制手法。新車登録時のみに適用され，中古車および使用過程車には適用されない。マスキー法もこの手法をとる。

▌車種規制

　一定の走行条件下で測定された排ガス中の大気汚染物質の濃度が基準を満たしていない車両について，新規登録だけでなく，移転登録および継続登録もさせないことにより，基準を満たさない車両を排除する規制手法。中古車および使用過程車も対象となるため，単体規制よりも新車代替が促進される。自動車 NOx・PM 法による規制がこれにあたる。

▌運行規制

　車種，用途，燃料種，排ガス性能，その他について要件を定めて車両の運行を制限し，排ガス性能の劣る車両の地域への流入を阻止し，渋滞の緩和を図って，沿道の大気汚染を防止する規制手法である。首都圏，大阪府・兵庫県，愛知県などの各地方自治体のディーゼル車規制条例による規制や，尾瀬・乗鞍スカイライン，上高地などで，自然保護のために行われるマイカー規制がこれに

図 2.11　ディーゼル車の排ガス処理

あたる。

2.7.4　自動車の排ガス処理の方法

(1)　粒子状物質の除去

　自動車の排ガスからは，まずフィルターを通して粒子状物質 (PM) が除かれる。PM の排出量の多いディーゼル車の場合は，ディーゼル微粒子捕集フィルター (Diesel Particulate Filter：DPF) とよばれるフィルターを用いる。フィルターは PM で目詰まりしてしまうため，定期的に高温で燃焼させて，目詰まりした PM を取り除かなければならない。そのため DPF には，電気ヒーターで加熱したり，追加の燃料ガスを排気管内で燃焼させたりする機能が備わっている (図 2.11)。

(2)　窒素酸化物の除去

　続いて窒素酸化物の除去が行われるが，その方法としては，ガソリン車では**三元触媒**を用いる。ディーゼル車については，NOx 吸蔵還元触媒法と尿素添加型 NOx 選択還元法がある。

■ 三元触媒

　三元触媒という名は，NOx，CO，炭化水素 (HC) という排ガスに含まれる3つの有害成分を同時に無害化する触媒という意味で付けられたものである。アルミナ (Al_2O_3) の上に，Pt，Pd，Rh などの貴金属の微粒子と酸化セリウム (CeO_2) の微粒子を乗せた触媒で，CO を酸化して二酸化炭素 (CO_2) に，HC は酸化して H_2O と CO_2 に，また NOx は還元して窒素 (N_2) にすることを目的にしている。しかし，本来，酸化と還元は両立しにくい。図 2.12 は，空燃比 (燃料に対する空気の比率) と有害成分の除去率の関係を示したグラフである。空燃比がリッチな (空気 (酸素) が多い) ときには，酸化反応が進行するので HC と CO の除去率は高いが，NOx の除去率は低く，一方，空燃比がリーンな (空気が少ない) ときには，NOx の除去率は高いが，HC と CO の除去率

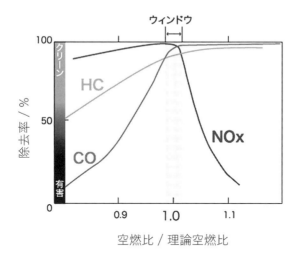

図 2.12 三元触媒を使用した際の空燃比と大気汚染物質の浄化率 (除去率) の関係
空燃比 = 空気の質量/燃料の質量，理論空燃比 = 14.7
(出典：日本特殊陶業株式会社 > NTK テクニカルセラミックス，https:// www.ngk-sparkplugs.jp/ntk/o2_sensor/products/ をもとに改変)

は低い。3つの有害成分すべてが除去できるのは，図にウィンドウと書いて示された空燃比のごく狭い範囲だけである。このため，自動車には酸素センサーが搭載されており，常に空燃比がこのウィンドウの範囲に入るよう，調節が行われている。さらに，触媒に含まれる CeO_2 は，排ガスに酸素が多いときには酸素を吸収して蓄え，酸素が少ないときには酸素を放出して，酸素濃度を調節する機能をもっている。この三元触媒によって，マスキー法以来厳しくなった排ガス規制をクリアする自動車を市場に送り出すことができたのである。

▌NOx 吸蔵還元触媒法

ディーゼルエンジンの場合，走行時には空燃比がリッチになるので，NOx を定常的に還元することが難しい。そこで，三元触媒に代えて NOx 吸蔵還元触媒が用いられる。通常運転時は NOx を硝酸塩の形で触媒中に吸蔵し，間欠的に還元雰囲気を作り出して NOx を還元する方法である (図 2.13)。

▌尿素添加型 NOx 選択還元法

還元剤として尿素を添加し，尿素の分解によって生成するアンモニア (NH_3) によって NOx を還元して排出する方法である。車両に尿素水溶液を搭載し，

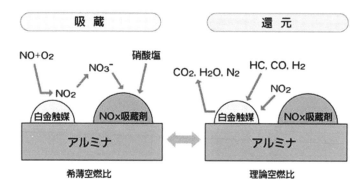

図 2.13　NOx 吸蔵還元触媒による排ガス処理のしくみ
(出典：環境省 > 環境展望台, https://tenbou.nies.go.jp/science/
description/detail.php?id=20)

排気管内の触媒より上流側で噴射する。

2.7.5　今後の展望

　各種の大気汚染防止対策の効果によって，現在，大気汚染の状況は，以前に比べると格段に向上している。また今後も，ガソリンエンジンやディーゼルエンジンの利用の減少が予想されるため，大気汚染は収束に向かうと考えられる。

　しかし，空気 (窒素) の存在下で高温が発生すると，必然的に一酸化窒素が生成する (2.2.3 参照)。将来的に主要なエネルギー源がどのように変わろうと，高温を必要とするプロセスが存在する限り，少なくとも窒素酸化物との戦いは続いていくはずである。

章末問題 2

2.1　次の反応のうち，酸化還元反応はどれか。また，酸化還元反応については，どの物質が酸化剤で，どの物質が還元剤かを示せ。

(1)　$S + O_2 \longrightarrow SO_2$

(2)　$SO_2 + HO\cdot \longrightarrow HSO_3$

(3)　$2H_2S + SO_2 \longrightarrow 3S + 2H_2O$

(4)　$SO_2 + Ca(OH)_2 \longrightarrow CaSO_3 \cdot \frac{1}{2}H_2O + \frac{1}{2}H_2O$

(5)　$CaSO_3 \cdot \frac{1}{2}H_2O + \frac{1}{2}O_2 + \frac{3}{2}H_2O \longrightarrow CaSO_4 \cdot 2H_2O$

2.2　大気汚染に関係する次の各記述について，正誤を判定し，間違っている場合は修正せよ．

(1)　人類の活動の影響がない地域では，雨は中性である．

(2)　pH 7 以下の降水を酸性雨という．

(3)　pH 1 の水を 100 倍に薄めると，pH は 3 になる．

(4)　pH 6 の水を 100 倍に薄めると，pH は 8 になる．

(5)　エネルギー消費に占める重油の割合が高い地方では，酸性雨になりやすい．

(6)　酸性雨は先進国の問題で，発展途上国には酸性雨の問題はない．

(7)　酸性雨の原因物質である二酸化窒素の排出量は，排ガス処理技術の向上によって年々減少し，その大気中濃度は，1975 年の 1/10 程度にまで減少したが，二酸化硫黄の大気中濃度は，現在でも 1975 年の 1/2 程度までしか減少していない．

(8)　大理石や鉄筋コンクリートの建造物は，酸性雨によって大理石やコンクリートが溶けることによって，劣化する．

(9)　光化学スモッグのおもな原因物質であるオゾンは，酸素に紫外線が当たることによって，発生する．

(10)　自動車のエンジンで発生した窒素酸化物は，処理装置で還元されて，アンモニアとして排出される．

2.3　大気中に放出された有機化合物は，自然に酸化されて，最終的には二酸化炭素と水になる．何によって酸化されるのか説明せよ．

3 水の化学と水質汚染

3.1 地球上の水の存在とその循環

　青く美しい地球は，その表面が約 14 億 km^3 の水によって覆われている。その 97.5％は海水で，淡水は 2.5％を占めるにすぎない。しかも，その淡水の 70％は氷河や氷山の氷であり，また 30％は土壌中の水分や地下水となっていて，淡水に占める河川や湖沼の水の割合はわずか 0.4％，地球上のすべての水の 0.01％にすぎない。

　水は気体 (水蒸気) として，大気中にも存在している。水蒸気は地球上の水全体の 0.001％を占めるにすぎないが，気象現象には大きな影響を与える存在で，その存在量は地表 (量的には海洋表面が大半) からの蒸発量と降水量のバランスによって決まる。大気中に水蒸気としてとどまる平均時間 (**滞留時間**) は約 10 日であるが，近年の地球温暖化によって蒸発量と降水量が増加し，滞留時間は次第に短くなっている。

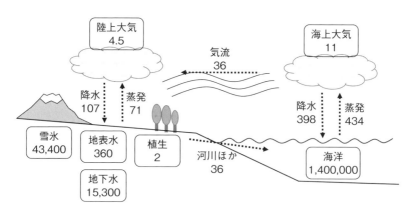

図 3.1　地球上の水の循環
　　で囲んだ数字は存在量 (単位 $10^{12}\,\mathrm{m}^3$)，移動量の単位は $10^{12}\,\mathrm{m}^3$/年
(出典：鳥海光弘 他著，地球システム科学 (岩波講座 地球惑星科学 2)，岩波書店，1996 をもとに作成)

　地表や海洋表面の水は，太陽エネルギーによって暖められて蒸発し，水蒸気となる。水の蒸発は 44.1 kJ/mol の吸熱過程なので，これによって地表 (海洋表面) は冷却される。水蒸気は空気とともに上昇し，上空で冷却されて微粒子 (エアロゾル) を核として凝結し，水滴となる。10 μm 程度の大きさまでの水滴は雲として浮かんでいるが，これが成長したり融合したりして大きくなると，雨滴となって降下する。この過程で，エアロゾルだけでなく空気中の様々な水に可溶の物質も雨滴に溶け込み，地表に降り注ぐ (図 3.1)。

3.2　資源としての水

3.2.1　淡 水 資 源

　前述のように，河川や湖沼にあって人間が利用しやすい状態の水 (**地表水**) は，地球上のすべての水の 0.01 %，水量としては約 10 万 km³ である。

　現在，世界の年間水使用量は約 5000 km³ なので，人間が利用できる淡水資源の量はまだ十分にあるように思われるが，実際には淡水資源は偏在しており，開発途上国では，「安全な水源が家庭から 1 km 以内にあり，1 日 20 L 以上の安全な水が確保できる」状況にない人が 5 人に 1 人 (約 11 億人) に及ぶと言われている (「人間開発報告書 2006」，国連開発計画 UNDP)。これに加えて，人口の急激な増加，地球の温暖化，排水による水源の汚染などが，安全な水源をさらに減らす方向に働いている。

　幸い日本には，約 80 km³ (800 億 m³) の総使用水量 (総取水量) が十分に賄える量の淡水資源がある。そのため，日本は水資源の枯渇問題とは無縁であると思いがちだが，そうとも言えない。というのは，輸入食料とその生産に関連して，国内の総取水量の 4 分の 3 に相当する量の水 (640 億 m³) を海外で間接的に消費していると見積もられており，それが海外の淡水資源の需給に大きな影響を与えている可能性があるからである。食料を輸入し消費している国において，輸入した食料を自国で生産すると仮定したときに必要と推定される水のことを**バーチャルウォーター**という。バーチャルウォーターが世界の水問題にどのような影響を与えているかについても，私たちは決して無関心でいることはできない。

3.2.2　水の用途と使用量

　用途別の水の使用量を見ると，農業用が最も多いことがわかる (表 3.1)。その大部分は灌漑用の水である。灌漑用の水が必要なのは，穀物や野菜の生産だ

表 **3.1**　日本における水の用途別年間使用量 (億 m^3)

	河川水	地下水	合計
農業用水	510	29	539
工業用水	82	32	115
生活用水	119	32	151
合計	711	93	805

(出典：国土交通省 > 日本の水資源賦存量と使用量，http://www. mlit.go.jp/tochimizushigen/mizsei/c_actual/actual01.html)

けではない。家畜の生産にも飼料として穀物や牧草が必要なので，間接的に灌漑用水を消費することになる。一定量の食品の生産に必要な水の量を**ウォーターフットプリント**というが，その値は食品の種類によって大きく異なる (表3.2)。例えば，食肉の場合，肥育期間が長く多くの飼料を必要とする牛肉の生産が，最も多くの水を必要とする。水と同時に，牧草や穀物を栽培するためには広大な土地が必要で，それがアマゾンなどの森林破壊につながっている。気候変動や人口増加の下で，環境を維持しながら食糧を安定的に確保していくためには，牛肉の消費を減らすべきだという主張があるが，それはこのような背景に基づくものである。

表 **3.2**　食品のウォーターフットプリント

食品	食品 1 kg の生産に必要な水量 (L)
野菜	322
果物	962
穀物	1644
豆類	4055
卵	3265
鶏肉	4325
豚肉	5988
羊肉	8763
牛肉	15415

(出典：M. M. Mekonnen and A. Y. Hoekstra, The green, blue and grey water footprint of farm animals and animal products, Value of Water Research Report Series No.48, UNESCO-IHE, Delft, the Netherlands, 2010)

3.3 水の化学

3.3.1 水の化学的性質

水は，いくつかの特異的な性質をもっている。

(1) 同程度の分子量の共有結合性の物質 (イオン結晶や金属以外の物質) と比較して，異常に高い融点と沸点を示す。

(2) 蒸発熱や融解熱も異常に大きい。

(3) 液体より固体の密度が小さい。

(4) 表面張力が異常に大きい。

(5) 液体の圧縮率が異常に小さい。

これらの特異的な性質は，水の分子どうしが**水素結合**を介して強く相互作用していることに由来している。例えば，(2) の性質は，固体から液体に，あるいは液体から気体になる際には，この強い分子間相互作用を切って分子運動の自由度を高める必要があることによる。

酸素原子と水素原子は電気陰性度が大きく異なるので，O–H 結合の共有電子対は酸素側に大きく偏り，酸素原子は負に，水素原子は正に帯電している (**分極**している)。酸素上の負電荷の中心は 2 組の非共有電子対のところにある。したがって，1 つの水分子には 2 つの正電荷と 2 つの負電荷があって，それぞれが他の分子のもつ異符号の電荷と引き合って，4 つの結合を作ることになる。この 4 つの結合は，酸素原子から酸素原子を中心とする正四面体の頂点に向かう (図 3.2)[†]。

上述のような分極の結果，水分子は**双極子モーメント**をもち，陽イオンや陰イオンに強く配位する。陽イオンには正電荷をもつ水素原子の側で，陰イオンには負電荷をもつ酸素原子の側で配位する。さらにその外側には，双極子モーメントをもつ水分子が，残された電荷の偏りを解消するように配向する (図 3.3)。これらの現象を**水和**という。水和によって陽イオン，陰イオンはそれぞれ安定化し，互いに静電相互作用によって強く引き付けられ，規則的な配列を形成していたイオン結晶から引き剥がされて水中に分散する (図 3.4)。全体としては電荷をもたない分子でも，分子内に分極があり，ある程度大きな双極子モーメントをもつ分子は**極性分子**とよばれ，これも水和によって安定化し，水に溶け

[†] 結晶中 (氷) では正四面体構造であるが，液体や気体では構造は歪み，正四面体ではなくなる。

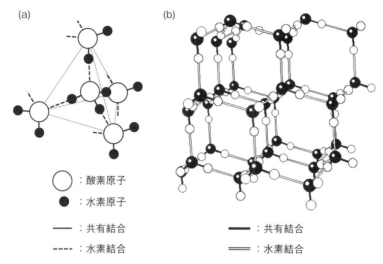

　(a)　　　　　　　　　　　　　(b)

　　　　　○：酸素原子

　　　　　●：水素原子

　　　　　——：共有結合　　　　　　　　——：共有結合

　　　　　----：水素結合　　　　　　　　＝＝：水素結合

図 3.2　水分子(a) および氷(b) の水素結合によるネットワーク

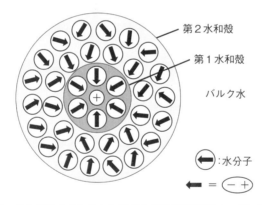

　　　　　　　　　　　　　　　　　　第2水和殻

　　　　　　　　　　　　　　　　　　第1水和殻

　　　　　　　　　　　　　　　　　　バルク水

　　　　　　　　　　　　　←：水分子

　　　　　　　　　　　　　← ＝ −　+

図 3.3　水中の陽イオンのまわりの水分子の双極子モーメントの配向

る。水になじみやすく，水に溶けやすい性質を**親水性**という。

　一方，双極子モーメントが小さく，極性のない分子は水に溶けにくい。水になじみにくく，水に溶けにくい性質を**疎水性**という。水中では，疎水性の分子どうしは会合し，さらにたくさんの分子が会合すると，水から分離して別の相(液体あるいは固体の状態) を形成する。このような疎水性分子間に働く引力(疎水性相互作用) の発生には，疎水性分子表面の水分子の構造がかかわっていると言われている。

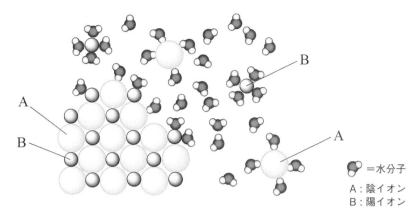

図 **3.4** イオン結晶の水への溶解

3.3.2 界面活性剤

　水と疎水性の油は互いに混ざり合わないが，界面活性剤を加えると，油は微粒子となって水中に分散する。

　水の表面には，表面張力が働いている。表面張力は，水が分子間に働く引力によって，大きくまとまって表面積を小さくしようとする性質の現れである。界面活性剤は，分子内に親水性の部分と疎水性 (親油性) の部分をもち，その分

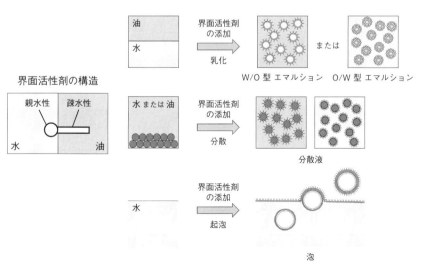

図 **3.5** 界面活性剤の働き

子が水の表面に並ぶことによって水の表面張力を小さくし，全体として大きな
表面積をもつ分散状態を安定にする。その結果，エマルションや微粒子の分散
系や泡ができやすくなる (図 3.5)。

　表 3.3 のように，界面活性剤には様々な種類があり，様々な用途の日用品に
用いられている。

　中でも分岐鎖型アルキルベンゼンスルホン酸 (**ABS**，図 3.6) は，洗濯用の合
成洗剤として開発され，1950 年代から 1960 年代にかけて，洗濯機の普及とと
もに急速に消費量が増大した。当時は下水処理が十分でなかったために，ABS
を含む排水が河川に流出し，1960 年代には多くの河川に大量の泡が浮かぶ事態

表 3.3　界面活性剤の種類，性質と用途

界面活性剤の種類	特徴	おもな用途	代表的な分子構造
アニオン界面活性剤	乳化・分散性に優れる 泡立ちがよい 温度の影響を受けにくい	衣料用洗剤 シャンプー ボディソープ	$R-CO_2^-Na^+$ 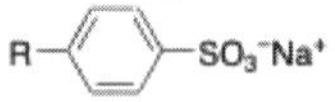 $R-\bigcirc\!\!-SO_3^-Na^+$ $R-O(CH_2CH_2O)_nSO_3^-Na^+$
カチオン界面活性剤	繊維などへ吸着する 帯電防止効果がある 殺菌性がある	ヘアリンス 衣料用柔軟剤 殺菌剤	$R-\overset{+}{N}(CH_3)_3Cl^-$ 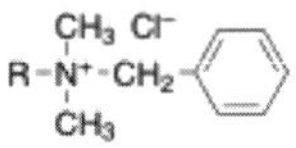 $R-\overset{+}{N}-CH_2-\bigcirc$ $CH_3\ Cl^-$ CH_3
両性界面活性剤	皮膚に対してマイルド 水への溶解性に優れる 他の活性剤と相乗効果あり	シャンプー ボディソープ 台所洗剤	$R-\overset{+}{N}H_2CH_2CH_2CO_2^-$ $R-\overset{+}{N}(CH_3)_2CH_2CO_2^-$
ノニオン界面活性剤	親水性と疎水性のバランスを容易に調整できる 乳化・可溶化力に優れる 泡立ちが少ない 温度の影響を受けやすい	衣料用洗剤 乳化・可溶化剤 分散剤 金属加工油	$R-O(CH_2CH_2O)_nH$ 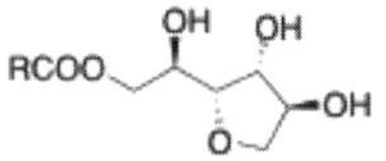 $RCOO$ OH OH OH O

R = $CH_3(CH_2)_n$-, n は 11 から 17 程度

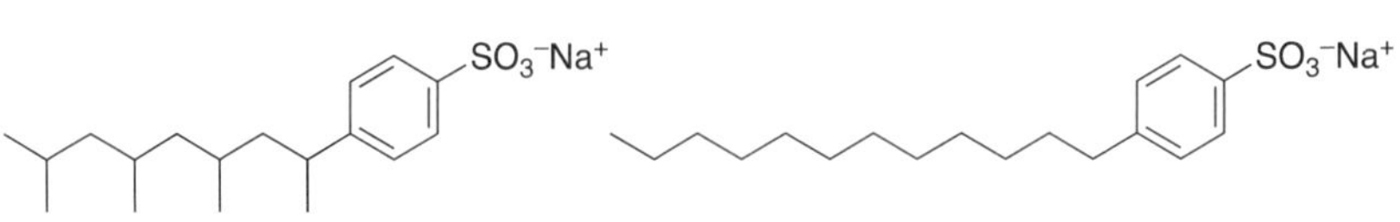

ABS   LAS

**図 3.6　分岐鎖型アルキルベンゼンスルホン酸 (ABS) と直鎖型アルキル
　　ベンゼンスルホン酸 (LAS)**

となった。これは，ABS が微生物によって分解されにくいためであることが判明し，その後，ABS はより微生物によって分解されやすい直鎖のアルキルベンゼンスルホン酸 (**LAS**) に置き換えられた。現在では，下水処理の効率の向上もあって，河川における LAS 濃度は大きな問題となるレベルではないが，水生生物の保全のために水質汚染を未然に防ぐ目的で，2013 年には LAS が水質環境基準の項目として追加された。

3.4 海水の酸性化
3.4.1 地球における炭素の循環
　地球上の炭素は，大気中の二酸化炭素，陸上の生物体や土壌中の有機物，海水や河川・湖沼に溶けている二酸化炭素や有機物，石灰質の岩石や堆積物，化石燃料など，様々な形で存在しているが，おもに大気，陸域生物圏，海洋，海底堆積物という 4 つのリザーバー (貯蔵庫) に存在するとみなすことができる。
　最終氷期が終了した約 1 万年前以降，1 万年の間は，大気中の炭素量，すなわち二酸化炭素濃度の変化は小さく，4 つのリザーバーの間の**炭素循環**は，ほぼ定常状態であったと考えられている。この時期には，陸域生物圏での光合成により大気中の二酸化炭素が有機物として固定されるとともに，土壌から河川へと流れ出した有機物は分解されて，海洋で二酸化炭素として大気中へ放出されて，大気からの炭素の出入りについては均衡が保たれていた。海洋では，河川を通じて 1 年あたり約 8 億トンの炭素が流れ込むとともに，2 億トンの炭素が堆積物として沈殿し，6 億トンが大気中へ二酸化炭素として放出されることにより均衡が保たれていた。海底に堆積した炭素，すなわち炭酸カルシウムは，地殻変動によって地殻内部に取り込まれ，変成作用を受けて岩石の一部となるが，やがてその岩石は火山活動によってマグマとなって溶け，分解されて二酸化炭素として大気中に放出される。
　ところが，産業革命以来，化石燃料の燃焼やセメントの製造，土地利用の変化による光合成生産量の減少などによって，大気中に放出される二酸化炭素の量が急増し，これまでに累計約 5550 億トンの炭素が大気中に放出されたと見積もられている。現在，1 年間に 80 億トンの炭素が放出されていると見積もられている。このうち 26 億トンは光合成によって陸域生物圏に吸収され，22 億トンは海洋に吸収されるが，残りの 32 億トンは大気中にとどまり，大気中の二酸化炭素濃度は年々高まっている (図 3.7)。

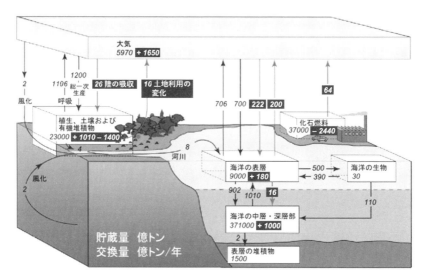

図 3.7 地球における炭素の循環
　黒字は自然の循環を表し，黒地に白抜き文字は人間活動により大気中へ
放出された炭素の循環を表している。自然の循環は，収支がゼロである。
(出典：気象庁 > 海洋の健康診断表 総合診断表 第 2 版，https://
www.data.jma.go.jp/gmd/kaiyou/shindan/sougou/html_vol2/
1_4_vol2.html (IPCC 2007 の報告に基づいて作成されたもの))

3.4.2 海水の酸性化と海洋生物への影響

　海水中には様々な塩が溶けていて，液性はやや塩基性 (海表面で pH 8.1 程度)
になっている。海水に溶け込む二酸化炭素の量は年々増加しているので，海水
の pH の値は徐々に下がってきている。近年の観測結果では，平均して 10 年
間に 0.015 程度，pH が下がっている。このまま pH の低下が継続すると，心
配されるのは殻や骨格などを炭酸カルシウムの結晶を使って形成している海洋
生物 (貝類やサンゴ) の生存である。現在，海水中には炭酸カルシウムが過飽和
に溶けており，何らかのきっかけ (結晶核生成) があると結晶が生成する条件に
なっている。しかし，海水がより酸性になると，炭酸カルシウムの溶解平衡が
溶解側へ傾くので，過飽和度が下がり，貝類の殻やサンゴの骨格の形成が難し
くなると予想されるからである。

$$CaCO_3 \; + \; H^+ \; \rightleftharpoons \; Ca^{2+} \; + \; HCO_3^-$$

　今後も大気中の二酸化炭素濃度の増加が続き，海水の酸性化が進んだとして

も，現在の増加速度から考えて，実際に海洋生物の生存に危機が訪れるのはま
だ先のことであると考えられる。ところが近年，予想を超える速度で酸性化が
進行している海域のあることがわかってきた。1つは，北極海である。すでに
pH が 7.5 まで低下している海域もあり，翼足類という炭酸カルシウムの殻を
もったプランクトンの殻が薄くなって，その生息数も大きく減少していること
が明らかになった[†]。もう 1 つは，日本やアメリカの都市の沿岸部である。沿
岸部では，大規模な降雨の数日後に pH が急激に低下する現象が頻繁に観察さ
れている。これは河川から沿岸に放出された有機物が微生物によって分解され
る際に二酸化炭素が生成することが原因であると考えられている[‡]。この pH
の低下により，貝類や甲殻類の殻が薄くなることが心配されている。これらの
生物は，海洋の食物連鎖の底辺に位置しており，これらの生物の減少が，いず
れは魚類や哺乳類などの上位の生物に波及するのではないかと危惧される。

3.4.3　海洋の貧酸素化

　酸性化と並んで，海水中に溶け込んでいる酸素の量 (**溶存酸素量**) の減少 (**貧
酸素化**) が指摘されている。IPCC の報告 (2019) によると，1960 年以降の約
50 年間に，海洋全体で溶存酸素量の約 2％が減少したとされている。海洋全体
での平均の減少速度はそれほど大きいものではないが，やや急速に減少してい
る地域もあり，このまま減少が続けば，いずれは生物の生息に影響が及び，海
洋水産資源の減少や生物多様性の低下につながる恐れがある。

　一般に，海水中の溶存酸素量の深度分布は図 3.8 のようになっている。大気
中の酸素と海面付近の海水中の酸素の間には，平衡が成立している。海水に溶
けることができる酸素の量は，ヘンリーの法則によって決まる。海面から一定
の深さまでは，海水の混合により溶存酸素量が一定になる (混合層)。生物が生
息している表層 (水深 0 m～200 m) や中層 (水深 200 m～1000 m) では，生物
の活動によって消費され，溶存酸素量が減少する。酸素は，植物プランクトン
や藻類の光合成によって補充されるが，深度とともに到達する光量が少なく
なって酸素の生成量は低下するので，溶存酸素量は深度とともに減少する。さ

　[†]　AMAP, 2018.　AMAP Assessment 2018: Arctic Ocean Acidification.
Arctic Monitoring and Assessment Programme (AMAP), Tromsø, Norway.
vi+187pp.
　[‡]　日本財団 図書館，2020 年度海洋酸性化適応プロジェクト R2 報告書 (http:
//nippon.zaidan.info/seikabutsu/2020/00721/mokuji.htm)

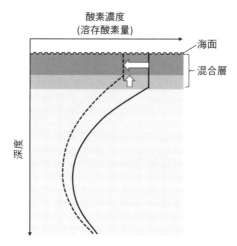

図 3.8   海水温上昇による溶存酸素量の低下
破線は海水温の上昇による溶存酸素量の変化を示す。

らに深くなると，今度は，深度とともに溶存酸素量が増加する。これは，水温の低い高緯度の海域で生成する溶存酸素濃度の高い海水が，海水の循環によって深層に流れ込んでくるためである。以上の結果，水深数百メートルから千メートル付近に溶存酸素量が少ない酸素極小層が広がる。

　海洋の貧酸素化の要因として，次の2つがあげられている。いずれも，地球温暖化による海水温の上昇が原因となっており，貧酸素化の傾向は，今後も当面続くものと思われる。

(1)   大気から海水中に溶ける酸素量の低下

　海面付近では，海水に溶けることができる酸素の量はヘンリーの法則に従い，海水温によって決まる。したがって，海面付近の溶存酸素量は，水温が高くなると少なくなる。

(2)   海面付近の海水と深層の海水の混合効率の低下

　海面付近の海水温が上昇すると海水の密度が小さくなり，深層の海水との密度差が大きくなる。このため，酸素を豊富に含んだ海面付近の海水が下層と混合されにくくなり，混合層の厚みが低下する。その結果，表層から中層にかけての溶存酸素量が減少する。

　なお，海洋全体の貧酸素化と同時に，酸性化の場合と同じように (3.4.2 参

照），都市の沿岸部における河川からの大量の有機物の放出によって，微生物が増殖し，酸素消費量が増加して海水の貧酸素化を加速するという現象もみられており，これについては，次の 3.5.1 で述べる。

3.5 水の汚染

3.5.1 水質汚染の原因

水質汚染のおもな原因としては，生活排水，産業排水，農業排水の他，事故による汚濁物質の流出，大気降下物などがある。このうち，産業排水については，1日あたりの平均的な排出水の量が $50\,m^3$ 以上の工場や事業場には排水基準が課せられており (3.7.2 参照)，現在では，何らかの事故が起きない限りは基準を超える汚染物質が流出することはほとんどないが，生活排水や農業排水については，問題が残っている。

■ 湖沼や海洋の富栄養化

生活排水や農業排水は，有機化合物，窒素化合物やリン酸塩を多く含んでいる。生活排水は，下水が整備されているところでは有機化合物を分解処理してから放流されるが，窒素化合物やリン酸塩は処理できずに流出してしまう。窒素化合物やリン酸塩は植物や植物性プランクトンの栄養源として必須であるが，自然の状態にある湖沼では，通常これらの供給量は限られていて，窒素化合物やリン酸塩の量が植物や植物性プランクトンの成長速度を決めている。ところが，生活排水や農業排水から大量の窒素化合物やリン酸塩が湖沼に流入すると，湖沼が**富栄養化**し，植物性プランクトンの急激な増殖が始まる。富栄養化によって，植物性プランクトンの1つであるシアノバクテリアの大量増殖がしばしば発生する。いわゆる**アオコ**である。シアノバクテリアが大量に発生すると，水面のバクテリアによって太陽光が吸収されて水草が育たなくなったり，他のバクテリアや藻類が駆逐されたりして，食物連鎖が断たれ，生態系が破壊され，また，カビ臭や腐敗臭が発生したり，中には毒素をもつシアノバクテリアもいたりすることによって，水質が悪化する。

海洋でも，内海や湾内など海水の循環の遅い領域では，窒素化合物やリン酸塩の流入によって同様の現象が起こる。これが**赤潮**である。赤潮のプランクトンは，魚のエラを損傷して魚の大量死を引き起こしたり，ノリの色落ちや貝毒などの漁業被害を引き起こしたりする。

富栄養化によるアオコや赤潮の発生は，世界的な問題になっている。

3.5.2 水質の評価

一般的に，水質は次のような項目で評価される。

(1) 水素イオン濃度 (pH)

(2) 生物化学的酸素要求量 (BOD)

水中の有機物が好気性微生物の作用により，安定した物質まで酸化分解されるときに消費される酸素の量 (mg/L)。BOD の値が高いということは，汚濁物質として有機物が多く含まれており，それを分解するのに多くの酸素を必要とすることを示している。

(3) 化学的酸素要求量 (COD)

水中の有機物を過マンガン酸カリウムまたは重クロム酸カリウムで酸化し，そのとき消費された酸化剤の量を酸素の量に換算したもの (mg/L)。

(4) 浮遊物質量 (SS)

水の濁り具合を示す指標で，水中に浮遊する粒径 2 mm 以下の不溶解性物質の量 (mg/L) で表す。試料をろ過し，フィルター上に残留した物質を乾燥してその質量を測る。粘土鉱物の微粒子，動植物プランクトンやその死骸，下水や

表 3.4 人の健康の保護に関する環境基準

有害物質の種類	許容限度	有害物質の種類	許容限度
カドミウム	0.003 mg/L 以下	1,1,1-トリクロロエタン	1 mg/L 以下
全シアン	検出されないこと	1,1,2-トリクロロエタン	0.006 mg/L 以下
鉛	0.01 mg/L 以下	トリクロロエチレン	0.01 mg/L 以下
六価クロム	0.05 mg/L 以下	テトラクロロエチレン	0.01 mg/L 以下
ヒ素	0.01 mg/L 以下	1,3-ジクロロプロペン	0.002 mg/L 以下
総水銀	0.0005 mg/L 以下	チウラム	0.006 mg/L 以下
アルキル水銀	検出されないこと	シマジン	0.003 mg/L 以下
PCB	検出されないこと	チオベンカルブ	0.02 mg/L 以下
ジクロロメタン	0.02 mg/L 以下	ベンゼン	0.01 mg/L 以下
四塩化炭素	0.002 mg/L 以下	セレン	0.01 mg/L 以下
クロロエチレン (別名 塩化ビニル，または塩化ビニルモノマー)	0.002 mg/L 以下	硝酸性窒素および亜硝酸性窒素	10 mg/L 以下
		フッ素	0.8 mg/L 以下
1,2-ジクロロエタン	0.004 mg/L 以下	ホウ素	1 mg/L 以下
1,1-ジクロロエチレン	0.1 mg/L 以下	1,4-ジオキサン	0.05 mg/L 以下
1,2-ジクロロエチレン	0.04 mg/L 以下		

(出典：環境省 > 水質汚濁に係る環境基準, https://www.env.go.jp/kijun/mizu.html)

工場排水に由来する有機物や金属の沈殿物などが含まれる。

(5) 溶存酸素量 (DO)

水に溶解している酸素の量 (mg/L)。

(6) 大腸菌群数

環境省の「水質汚濁に係る環境基準」では，これらの項目の測定値によって水質が評価され，AA，A，B，C などの類型や，水道 1 級，水道 2 級，水産 1 級，工業用水 1 級などの等級にランク付けされている。また，特に有害な物質に関しては，表 3.4 のような許容限度が設けられている。

3.5.3 海洋，河川，湖沼の汚染の事例

海洋や河川，湖沼の汚染のおもな原因としては，タンカーや海底油田の事故によって流出した石油，工場排水などに含まれる重金属，環境中で分解されにくい有機塩素化合物などがある。ここでは，これらによる水質汚染の典型的な例として，カリフォルニア州サンタバーバラ沖の石油プラットフォームからの石油流出事故，工場排水によって多数の水銀中毒患者が発生した水俣病，鉱山の排水によりカドミウム中毒を引き起こしたイタイイタイ病，そして，PCB や DDT の生物濃縮について取り上げる。

(1) カリフォルニア州サンタバーバラ沖の石油流出事故

石油流出量が 700 t を超える大規模な流出事故は，タンカーの事故が頻発した 1970 年代には年平均 25.4 回も発生していたが，2000 年代には年平均 3.3 回まで減少した。しかし最近では，タンカーに代わって，沖合の海底油田のプラットフォームでの事故が増えてきた。

1969 年 1 月 29 日，カリフォルニア州サンタバーバラ沖約 10 km にあったユニオン石油 (現 ユノカル) の石油プラットフォームで，石油の暴噴事故が発生した。噴出口に蓋をして噴出を止めるまでに 11 日かかり，この間に約 3000 kL の原油が流出して 2000 km^2 の範囲に広がった。風や潮流に乗って原油は海岸に押し寄せ，海鳥，アザラシ，イルカなどが大量に死体となって流れ着いた。3686 羽の海鳥の死体が確認された。

この事故は，アメリカにおける環境問題への関心が高揚する引き金となり，翌 1970 年 4 月 22 日には，初の「アースデー」が全国的に開催され，30 万人が参加した。このイベントは，今日まで続く環境保護運動の先駆けになった。

また，1969年に大統領に就任したリチャード・ニクソンは，この年，産業界の反対を押し切ってアメリカ環境保護局 (EPA) を設置した。

（2） 水俣病

1950年頃から水俣湾周辺の漁村地区を中心に，猫・カラスなどの不審死が多数発生し，同時に激しい痙攣や神経症状を呈した末に死亡する住民がみられるようになった。口のまわりや手足のしびれ，言語障害，歩行障害，求心性視野狭窄，難聴，歩行困難などの症状を訴える患者も増加し，**水俣病**とよばれるようになった。また，脳の発育不全や言語障害，運動失調などの症状をもって生まれる子もいた。不知火海に面する鹿児島県出水市でも，同様の症状を発症する患者が現れた。

1959年，熊本大学水俣病研究班は，原因物質は有機水銀であるという発表を行い，厚生省食品衛生調査会も厚生大臣に対して同様の答申を行った。原因として，硫酸水銀 (II) を触媒としてアセトアルデヒドを製造していた新日本窒素肥料水俣工場の排水が疑われたが，新日本窒素肥料 (現 チッソ) はこれを認めず，また国も，この因果関係を正式には認めなかった。政府が発病と工場廃水の因果関係を認めたのは，1968年 (9月) のことである。この間，同様の製法でアセトアルデヒドを製造している昭和電工鹿瀬工場が排水を流している新潟県阿賀野川流域でも同様の症状の患者が発生した (**第二水俣病**，新潟水俣病)。

当時，これらの工場では，排水を処理せずそのまま湾や河川に排出していたので，製造工程で硫酸水銀から生成したメチル水銀が流出し，魚介類によって生物濃縮され，これを食べた住民が発症したものと考えられている。また，妊婦が摂取した場合，胎盤を経由して胎児にも影響し，障害をもつ子が生まれることがある (胎児性水俣病)。原因の特定に時間がかかったため，被害は拡大し，認定患者だけでも2268名，未認定の患者を含めると被害を受けた人は数万人に及ぶと言われている。

（3） イタイイタイ病

1955年8月，富山新聞に**イタイイタイ病**を紹介する記事が掲載された。この記事は，この病気がこれまで知られていない原因不明の病であること，地元の開業医である萩野昇医師が，原因究明のために研究を続けていることを報じた。この病気は神通川中流の婦中町を中心に大正時代から発生しており，患者は40歳から更年期にかけての女性が多い。腰，肩，膝などの鈍痛から始まり，

やがて大腿部や上膊部の神経痛となり，進行すると少しの動作でも骨折するようになる。「痛い痛い」と泣き叫びながら衰弱死していく患者がいることから，「イタイイタイ病」と名付けられた。

1961年，萩野は，岡山大学の小林純教授による水質検査の協力も得て，イタイイタイ病の原因がカドミウムであることを突き止め，この結果を発表した。

1968年5月になって，厚生省は「イタイイタイ病の本態はカドミウムの慢性中毒による骨軟化症であり，カドミウムは神通川上流の神岡鉱業所の事業活動によって排出されたものである。」と断定した。これによってイタイイタイ病は政府によって認定された公害病の第1号になった。

神岡鉱山から産出する亜鉛鉱石(閃亜鉛鉱)は，不純物として1％程度のカドミウムを含んでおり，精錬の過程で生成する排水とともにカドミウムが流出していた。当時，神通川以外に取水元のなかった現地では，カドミウムを含む河川水を農業用水や飲料水として使用していたため，現地で収穫される米にカドミウムが蓄積され，この米を常食としていた農民たちは，体内に基準値の数十倍から数千倍のカドミウムを蓄積することになったのである。

(4) PCB や DDT の生物濃縮

2001年5月に採択されたストックホルム条約によって**残留性有機汚染物質**(Persistent Organic Pollutants：**POPs**)の製造・使用・輸出入が禁止あるいは制限された。POPsは，①毒性が強く，②難分解性で，③生物蓄積性があり，④環境における長距離の移動の可能性がある化学物質で，現在では，22種類の化合物の製造・使用・輸出入が禁止され，3種類の化合物の製造・使用・輸出入が制限されている。

この中には，かつて電気絶縁体および熱媒体として広く用いられたが，毒性が問題となって製造・使用が禁止されたポリ塩化ビフェニル(PCB)やDDT，ペンタクロロベンゼンなどの農薬が含まれる。日本では，PCBを含む機器などはすでに回収されて厳重に管理され，法令に定められたプロセスで廃棄処理が進められている。

これらの化合物は，難分解性のため，一旦環境中に流出すると食物連鎖によって生物体内に濃縮され，特に海洋の食物連鎖の頂点に位置するイルカやアザラシなどの体内には，高濃度に蓄積されている。また，これらの物質は製造・使用が禁止されてからかなりの年月が経つにもかかわらず，今日でもなお大量に環境に残留していることがわかっている。

3.5.4　地下水の汚染

　地下水には，河川や湖沼などとは別のルートで汚染物質が流入する。これは，地下水を飲料水として利用している地域では，大きな問題となる。

　地下水の汚染原因となる物質には，揮発性有機化合物 (VOC)，重金属，油，農薬や，肥料に含まれる窒素化合物の微生物による分解によって生成する硝酸性窒素および亜硝酸性窒素などがある。これらの物質の地下への浸透と拡散には，それぞれ特徴がある (図 3.9)。VOC は土壌に吸着されにくく，また比重が大きく粘性が小さいために，土壌中を容易に浸透して不透水層に到達し，地下水の流れによって広範囲に広がる。また，水への溶解度が低いので，土壌中に原液のままとどまることもある。重金属は，一般に土壌に吸着されやすいため，深部にまで拡散しにくい。一方，硝酸・亜硝酸性窒素は，土壌に吸着されにくく，水溶性のため，地下水に溶けて広がっていく。

　このような地下水の汚染の問題に対処するために，2002 年に**土壌汚染対策法**が制定された。この法律では，揮発性有機化合物 (VOC) 12 種類，重金属等 9 種類，農薬等 5 種の計 26 種類の特定有害物質が指定されており，これらの物質による汚染が確認され，要措置区域に指定されると，土地の利用形態の変更が禁止されるとともに，汚染の封じ込めや除去の計画を立てる義務が生じる。図 3.10 は，2003〜2020 年までに要措置区域に指定された案件について，物質ごとに累積件数をまとめたものである。重金属等では鉛とフッ素，ヒ素が，

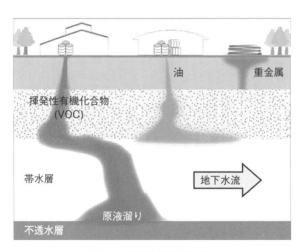

図 **3.9**　地下水汚染のしくみ

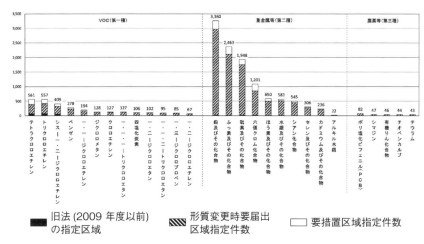

図 3.10 土壌汚染対策法で要措置区域の指定件数 (2003～2020 年の累積)
(出典：環境省 > 令和 2 年度土壌汚染対策法の施行状況及び土壌汚染調査・
対策事例等に関する調査結果, https://www.env.go.jp/water/report/
r3-01/index.html)

VOC ではテトラクロロエチレン，トリクロロエチレンとその分解生成物のシ
ス-1,2-ジクロロエチレンが多い．トリクロロエチレンは，機械部品や半導体の
洗浄用に 1980 年代頃まで広く用いられていたが，発癌性が指摘され，今は他
の溶剤に置き換えられている．テトラクロロエチレンも同様の用途のほか，ク
リーニングの溶剤としてもかつては大量に用いられていた．これも，現在では
他の溶剤への置き換えが進んでいる．

　図 3.10 に記載されている物質以外にも，ペルフルオロオクタンスルホン酸
(PFOS) やペルフルオロオクタン酸 (PFOA) などの有機フッ素化合物も地下
水から検出されており，地下水を水源とする水道水への混入による健康被害が
心配されている．

　2018 年，東京の築地市場の江東区豊洲への移転に際して，地下水の汚染が問
題となった．この移転先は，かつて石炭から都市ガスを製造していた工場の跡
地であり，汚染土壌を取り除いて再開発したものの，今でも地下に汚染物質が
残っているものと思われる．

3.6 上水 (水道水)

3.6.1 上水の水源

　上水道の水源としては，ダムの貯留水が最も多く 47.8 ％，河川水が 25.2 ％，井戸水が 19.2 ％となっている (2015 年度)。東京都でも武蔵野台地には豊富な地下水があり，地下水 (井戸水) を水道の水源としている地域がある。

3.6.2 上水の処理

　飲料水の水質については，水道法第 4 条に基づいて，**水質基準**に関する省令により基準が定められている (表 3.5)。水道水は水質基準に適合するものでなければならず，水道事業体などに検査の義務が課されている。また，水質基準以外にも，水質管理上留意すべき項目について，目標値が定められている (表 3.6)。これらの基準や目標については，最新の知見により常に見直しが行われ，逐次改正されている。

　上の基準を満たすための上水の処理は，原水の水質によって異なるが，一般には，**塩素処理**と**緩速ろ過**によって行われる。

■ 塩素処理

　水中の細菌類を除くために，通常は塩素処理が行われる。水に塩素を溶かすと，酸化力の強い次亜塩素酸イオン ClO^- が生成し，これが細菌を死滅させる。

$$Cl_2 + H_2O \longrightarrow HClO + HCl$$

$$HClO \rightleftharpoons H^+ + ClO^-$$

　塩素処理は細菌の除去法としては有効であるが，いわゆるカルキ臭が残り，また，塩素が水中のフミン酸などの有機物と反応して，発がん性のトリハロメタンを生成するという問題点がある。

■ 急速ろ過

　硫酸アルミニウムやポリ塩化アルミニウムなどの凝集剤によって浮遊物質を凝集させた後，砂の層を通し，浮遊物質を砂の粒子の間に捕捉させることによって取り除く浄化方法。

■ 緩速ろ過

　砂層に原水を通し続けることによって，砂層の上層数ミリに，細菌，菌類，原生動物，輪形動物などによって膜が形成される。時間が経つと，さらに藻類やより大きな水生生物も生息するようになる。この膜に 1 日 4〜5 m というゆっくりした速度で原水を通すことによって，非常に質のよい処理水が得られるが，

表 3.5　水道水の水質基準

項目	基準	項目	基準
一般細菌	1 ml の検水で形成される集落数が 100 以下	ジブロモクロロメタン	0.1 mg/L 以下
		臭素酸	0.01 mg/L 以下
大腸菌	検出されないこと	総トリハロメタン	0.1 mg/L 以下
カドミウムおよびその化合物	カドミウムの量に関して，0.003 mg/L 以下	トリクロロ酢酸	0.03 mg/L 以下
		ブロモジクロロメタン	0.03 mg/L 以下
水銀およびその化合物	水銀の量に関して，0.0005 mg/L 以下	ブロモホルム	0.09 mg/L 以下
		ホルムアルデヒド	0.08 mg/L 以下
セレンおよびその化合物	セレンの量に関して，0.01 mg/L 以下	亜鉛およびその化合物	亜鉛の量に関して，1.0 mg/L 以下
鉛およびその化合物	鉛の量に関して，0.01 mg/L 以下	アルミニウムおよびその化合物	アルミニウムの量に関して，0.2 mg/L 以下
ヒ素およびその化合物	ヒ素の量に関して，0.01 mg/L 以下	鉄およびその化合物	鉄の量に関して，0.3 mg/L 以下
六価クロム化合物	六価クロムの量に関して，0.05 mg/L 以下	銅およびその化合物	銅の量に関して，1.0 mg/L 以下
亜硝酸態窒素	0.04 mg/L 以下	ナトリウムおよびその化合物	ナトリウムの量に関して，200 mg/L 以下
シアン化物イオンおよび塩化シアン	シアンの量に関して，0.01 mg/L 以下	マンガンおよびその化合物	マンガンの量に関して，0.05 mg/L 以下
硝酸態窒素および亜硝酸態窒素	10 mg/L 以下	塩化物イオン	200 mg/L 以下
フッ素およびその化合物	フッ素の量に関して，0.8 mg/L 以下	カルシウム，マグネシウムなど (硬度)	300 mg/L 以下
ホウ素およびその化合物	ホウ素の量に関して，1.0 mg/L 以下	蒸発残留物	500 mg/L 以下
		陰イオン界面活性剤	0.2 mg/L 以下
四塩化炭素	0.002 mg/L 以下	ジェオスミン	0.00001 mg/L 以下
1,4-ジオキサン	0.05 mg/L 以下	2-メチルイソボルネオール	0.00001 mg/L 以下
シス-1,2-ジクロロエチレンおよびトランス-1,2-ジクロロエチレン	0.04 mg/L 以下	非イオン界面活性剤	0.02 mg/L 以下
		フェノール類	フェノールの量に換算して，0.005 mg/L 以下
ジクロロメタン	0.02 mg/L 以下	有機物 (全有機炭素 (TOC) の量)	3 mg/L 以下
テトラクロロエチレン	0.01 mg/L 以下		
トリクロロエチレン	0.01 mg/L 以下	pH 値	5.8 以上 8.6 以下
ベンゼン	0.01 mg/L 以下	味	異常でないこと
塩素酸	0.6 mg/L 以下	臭気	異常でないこと
クロロ酢酸	0.02 mg/L 以下	色度	5 度以下
クロロホルム	0.06 mg/L 以下	濁度	2 度以下
ジクロロ酢酸	0.03 mg/L 以下		

(出典：厚生労働省 > 水道水質基準について, https://www.mhlw.go.jp/stf/seisakunitsuite/bunya/topics/bukyoku/kenkou/suido/kijun/kijunchi.html#01)

表 3.6　水道水の水質管理目標設定項目

項目	目標値
アンチモンおよびその化合物	アンチモンの量に関して，0.02 mg/L 以下
ウランおよびその化合物	ウランの量に関して，0.002 mg/L 以下 (暫定)
ニッケルおよびその化合物	ニッケルの量に関して，0.02 mg/L 以下
1,2-ジクロロエタン	0.004 mg/L 以下
トルエン	0.4 mg/L 以下
フタル酸ジ (2-エチルヘキシル)	0.08 mg/L 以下
亜塩素酸	0.6 mg/L 以下
二酸化塩素	0.6 mg/L 以下
ジクロロアセトニトリル	0.01 mg/L 以下 (暫定)
抱水クロラール	0.02 mg/L 以下 (暫定)
農薬類*	検出値と目標値の比の和として，1 以下
残留塩素	1 mg/L 以下
カルシウム，マグネシウムなど (硬度)	10 mg/L 以上 100 mg/L 以下
マンガンおよびその化合物	マンガンの量に関して，0.01 mg/L 以下
遊離炭酸	20 mg/L 以下
1,1,1-トリクロロエタン	0.3 mg/L 以下
メチル-t-ブチルエーテル	0.02 mg/L 以下
有機物など (過マンガン酸カリウム消費量)	3 mg/L 以下
臭気強度 (TON)	3 以下
蒸発残留物	30 mg/L 以上 200 mg/L 以下
濁度	1 度以下
pH 値	7.5 程度
腐食性 (ランゲリア指数)	−1 程度以上とし，極力 0 に近づける
従属栄養細菌	1 ml の検水で形成される集落数が 2000 以下 (暫定)
1,1-ジクロロエチレン	0.1 mg/L 以下
アルミニウムおよびその化合物	アルミニウムの量に関して，0.1 mg/L 以下
ペルフルオロオクタンスルホン酸 (PFOS)	ペルフルオロオクタンスルホン酸 (PFOS) およびペルフルオロオクタン酸 (PFOA) の量の和として 0.00005 mg/L 以下 (暫定)

　*　対象となる農薬とその目標値については，別表に定められている。

(出典：厚生労働省 > 水道水質基準について，https://www.mhlw.go.jp/stf/
seisakunitsuite/bunya/topics/bukyoku/kenkou/suido/kijun/kijunchi.html#01)

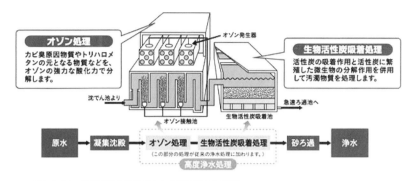

図 3.11 東京都水道局による高度浄水処理
(出典：東京都水道局 > 高度浄水処理について，https://www.
waterworks.metro.tokyo.jp/suigen/kodojosui.html)

広い面積のろ過池が必要で，処理に時間がかかることから，採用されることが
少なくなっている。

■ 高度浄水処理

　カルキ臭やトリハロメタンを除去するために，水道水を浄水器に通してから
飲用に供する家庭も多い。これに対し，衛生的で美味しく，そのまま飲める水
道水を目指して，東京都などでは高度浄水処理を導入している。高度浄水処理
は，オゾンの強力な酸化力による酸化分解と，活性炭の吸着作用，ならびに活
性炭に付着して繁殖した微生物による分解作用を利用して，カビ臭物質やトリ
ハロメタンをほぼ完全に除去する処理方法である (図 3.11)。これによって，市
販のミネラルウォーターと遜色ない，あるいはそれを上回る美味しい水が供給
できるようになった。日本酒造りにはよい水が欠かせないと言われるが，東京
都港区には，東京都の水道水を使って日本酒を醸造する酒蔵が誕生している。

3.6.3　海水の淡水化

　本章冒頭で述べたように，地球上の淡水の量は限られており，また偏在して
いるので，十分な量の淡水が得られなかったり，飲用可能な水質の淡水が得ら
れなかったりする地域も多い。近年，人口の増加や生活水準の向上によって，
年々水の使用量が増加しており，今後さらに水不足が深刻化するものと思わ
れる。

　すでに水不足が深刻化しているシンガポールや中東諸国，地中海沿岸などで

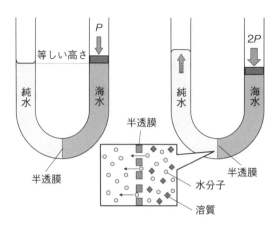

図 **3.12** 逆浸透による海水の淡水化の原理

は，海水の淡水化が進んでいる。国内でも，慢性的な水不足に悩む福岡市では，海水淡水化施設が稼働している。

　真水は，海水を加熱・蒸留することによっても得られるが，逆浸透膜を使うことによって，より省エネルギー，低コストで淡水を製造することができる。逆浸透とは，半透膜を挟んで海水と真水を対置させると，浸透圧が生じるが，海水側に浸透圧に逆らって圧力をかけると，真水側に水が浸み出していく現象である (図 3.12)。逆浸透による海水の淡水化は，今後ますます盛んになると思われる。

3.7　下水と排水処理
3.7.1　家庭排水の処理

　家庭からの排水は，①直接河川に放流される場合と，②家庭に設置された浄化槽で処理されてから放流される場合と，③下水道を通って下水処理場に送られ，そこで処理されてから放流される場合がある。2021 年度末現在，下水道普及率 (下水道を利用できる人口/総人口) は 80.6％となっている。

　東京都の下水道普及率は 99.6％であるが，下水道の 8 割が合流式である。合流式とは，雨水と家庭排水を 1 つの下水道管に流す方式のことである。衛生環境の改善と大雨の際の浸水被害の防止を同時に早期に実現するために取られた方策で，実際，これらの目的の実現に効果を上げてきたが，大量の降雨があると処理場に流れ込む水量が増え，処理能力を超えてしまう。処理能力を超えた

下水を止めてしまうと市街地側へ逆流し，浸水を引き起こしてしまうので，止むを得ず，処理能力を超えた下水を河川や海へそのまま放出する。このため，大雨が降るたびに，河川や東京湾の汚水や浮遊物による汚染が繰り返されている。このことは，東京湾での東京オリンピックのトライアスロン競技開催を検討する際に，問題になった。

　日本の下水処理場の多くでは，**活性汚泥法**が採用されている (図 3.13)。活性汚泥法は，下水中に微生物の小さな塊を浮遊させ，それによって有機物を分解する方法である。処理場に流入した下水は，まず，沈砂池で大きなごみを取り除き，土砂類を沈殿させる。次に，沈殿池に水をゆっくり流しながら，沈みやすい汚れを沈殿させる。反応タンクでは，微生物の入った汚泥を混ぜた下水に空気を送り込み，6〜8時間かき混ぜる。下水中の汚れを微生物が分解し，細かい汚れは微生物に付着して，沈みやすい塊になる。最終沈殿池では，反応タンクでできた微生物と汚れの塊を3〜4時間かけて沈殿させ，上澄み (処理水) と沈殿 (汚泥) とに分離する。消毒設備では，処理水を塩素消毒して大腸菌などの数を減らしてから，川や海に流す。一方，回収された汚泥の一部は，反応タンクに戻して下水の浄化に利用され，残りは焼却処理される。

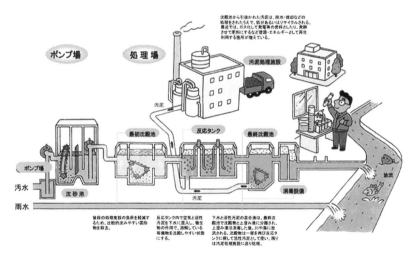

図 3.13　下水処理場における下水処理の流れ
(出典：国土交通省 > 終末処理場のしくみ，http://www.mlit.go.jp/crd/sewerage/shikumi/shumatsuhtml.html)

3.7.2　産業排水の処理

　1日あたりの平均的な排出水の量が $50\,\mathrm{m}^3$ 以上である工場や事業場について
は，**排水基準** (表 3.7，表 3.8) が定められており，この基準をクリアする水質
になるまで処理してから排出することが義務付けられている。産業排水には，
毒性の高い重金属などが含まれていることが多く，含有物質の種類に応じて，
効果的に除去する処理法を採用することが求められる。

3.7.3　産業廃棄物最終処分場における浸出水処理

　もう1つ，排水処理が大切な場所がある。産業廃棄物の管理型最終処分場で
ある。産業廃棄物は，後に述べるように (7 章)，分別リサイクルが行われたの
ち焼却されるが，焼却後に残る焼却灰は管理型最終処分場に埋め立てられる。
管理型最終処分場には，ごみの焼却処理が普及する以前に，焼却されずに埋め
立てられた有機物系の廃棄物も埋め立てられていることがある。このような最
終処分場の浸出水には，ダイオキシンや重金属などの有害物質が含まれている
ことが多いので，それらを除く処理を行ってから排出する必要がある。

　図 3.14 は，一般的な管理型最終処分場における浸出水処理フローである。大
きく「前処理」「生物処理」「凝集沈殿処理」「高度処理」「後処理」に分けられ，
各処理の内容については，最終処分場ごとに最適な処理技術が選定されている。

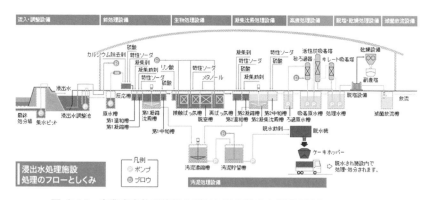

図 3.14　産業廃棄物最終処分場における浸出水処理の流れ
(出典：新潟県環境保全事業団，http://www.eco-niigata.or.jp/
ecopark/inst_shinshutsu.html)

表 3.7 一般排水基準 (有害物質)

有害物質の種類	許容限度
カドミウムおよびその化合物	0.03 mg Cd/L
シアン化合物	1 mg CN/L
有機燐化合物 (パラチオン, メチルパラチオン, メチルジメトンおよび EPN に限る)	1 mg/L
鉛およびその化合物	0.1 mg Pb/L
六価クロム化合物	0.5 mg Cr(VI)/L
ヒ素およびその化合物	0.1 mg As/L
水銀およびアルキル水銀その他の水銀化合物	0.005 mg Hg/L
アルキル水銀化合物	検出されないこと
ポリ塩化ビフェニル	0.003 mg/L
トリクロロエチレン	0.1 mg/L
テトラクロロエチレン	0.1 mg/L
ジクロロメタン	0.2 mg/L
四塩化炭素	0.02 mg/L
1,2-ジクロロエタン	0.04 mg/L
1,1-ジクロロエチレン	1 mg/L
シス-1,2-ジクロロエチレン	0.4 mg/L
1,1,1-トリクロロエタン	3 mg/L
1,1,2-トリクロロエタン	0.06 mg/L
1,3-ジクロロプロペン	0.02 mg/L
チウラム	0.06 mg/L
シマジン	0.03 mg/L
チオベンカルブ	0.2 mg/L
ベンゼン	0.1 mg/L
セレンおよびその化合物	0.1 mg Se/L
ホウ素およびその化合物	海域以外の公共用水域に排出されるもの:10 mg B/L 海域に排出されるもの:230 mg B/L
フッ素およびその化合物	海域以外の公共用水域に排出されるもの:8 mg F/L 海域に排出されるもの:15 mg F/L
アンモニア, アンモニウム化合物	アンモニア性窒素に 0.4 を乗じたもの
亜硝酸化合物および硝酸化合物	亜硝酸性窒素および硝酸性窒素の合計量:100 mg/L
1,4-ジオキサン	0.5 mg/L

(出典:環境省 > 排水規制 > 一般排水基準, https://www.env.go.jp/water/impure/haisui.html)

表 3.8 一般排水基準 (その他)

項目	許容限度
水素イオン濃度 (水素指数) (pH)	海域以外の公共用水域に排出されるもの：5.8 以上 8.6 以下 海域に排出されるもの：5.0 以上 9.0 以下
生物化学的酸素要求量 (BOD)	160 mg/L (日間平均 120 mg/L)
化学的酸素要求量 (COD)	160 mg/L (日間平均 120 mg/L)
浮遊物質量 (SS)	200 mg/L (日間平均 150 mg/L)
ノルマルヘキサン抽出物質含有量 (鉱油類含有量)	5 mg/L
ノルマルヘキサン抽出物質含有量 (動植物油脂類含有量)	30 mg/L
フェノール類含有量	5 mg/L
銅含有量	3 mg/L
亜鉛含有量	2 mg/L
溶解性鉄含有量	10 mg/L
溶解性マンガン含有量	10 mg/L
クロム含有量	2 mg/L
大腸菌群数	日間平均 3000 個/cm^3
窒素含有量	120 mg/L (日間平均 60 mg/L)
燐含有量	16 mg/L (日間平均 8 mg/L)

(出典：環境省 > 排水規制 > 一般排水基準，https://www.env.go.jp/water/impure/haisui.html)

四大公害病

　本章で述べた「水俣病」「第二水俣病 (新潟水俣病)」「イタイイタイ病」と，2 章で述べた「四日市喘息」を合わせて，四大公害病とよぶ。これらは，いずれも 1950 年代後半から 1960 年代の高度経済成長期に被害が判明し，多数の被害者を出した事件で，その後の廃棄物処理の技術の発展や環境保全にかかわる社会制度，法制度の整備のきっかけとなったものである。これらの事件を受けて 1967 年に公害対策基本法が施行され (のちに環境基本法に統合，廃止)，続いて大気汚染防止法 (1968)，水質汚濁防止法 (1971)，公害健康被害補償法 (1973) などの法律が制定された。

章末問題 3

3.1　水に関する次の各記述について，正誤を判定し，間違っている場合は修正せよ。

(1)　地球には大量の水があるが，私たちが使うことのできる河川や湖沼の水は，全体のわずか 0.01 ％にすぎない。

(2)　水の最大の用途は，農業用水である。

(3)　食物の生産に必要な水の量を表すウォーターフットプリントは，米が一番大きい。

(4)　日本国内での水の年間消費量とほぼ同量の水が，1 年間に輸入する食料品を海外で生産する際に，海外で消費されている。

(5)　水の物理的・化学的性質の特徴の多くは，水の極性が大きいことと，水がイオン結合を形成することが原因となっている。

(6)　海水は弱酸性である。

(7)　二酸化炭素濃度の増加による海水の酸性化が心配されるのは，酸性化が進むと貝殻やサンゴの骨格を形成している炭酸カルシウムの溶解度が上昇し，貝殻や骨格が形成されにくくなることである。

(8)　生活排水や農業排水に含まれる窒素化合物は，河川や湖沼の酸性化を進め，アオコの大量発生や魚の大量死を引き起こす。

(9)　BOD (生物化学的酸素要求量) は，水中に含まれる有機物の量の指標として用いられる。

(10)　今も PCB が環境中に残存しているのは，PCB が今でも限られた用途に使用されているからである。

(11)　水に塩素を溶かすと，酸化力の強い次亜塩素酸イオン ClO^- が生成し，これが細菌を死滅させる。

(12)　水道水に含まれるトリハロメタンは，かつてクリーニングの溶剤などに使われていた物質が地下水を通じて混入したものである。

(13)　高度浄水処理は，オゾンの強力な酸化力による酸化分解を利用して，水を浄化する方法である。

(14)　活性汚泥法は，水道水をつくる浄水場において，微生物によって有機物を分解し，水を浄化する方法である。

3.2　醬油大さじ 1 杯を川に流したとき，これを一律排水基準を満たす濃度にまで薄めるには，どれだけの水が必要か。また，魚が棲むことのできる濃度にまで薄めるには，どれだけの水が必要か (ヒント：大さじ 1 杯は 15 mL，醬油の BOD = 150,000 mg/L，魚 (コイやフナ) の棲める水の BOD = 5 mg/L)。

3.3　市販のミネラルウォーターの中から，国産のものと外国産のものを 2, 3 種類ずつ
選び，それらの水質を比較せよ。

3.4　水道水の高度な浄化を進めるのと，より安価に大量のミネラルウォーターが供給
できるようにするのと，どちらがより望ましいだろうか。容器の製造使用，インフラ
の整備・維持管理，グローバルな物流などの視点も加えて，環境負荷や社会的コスト，
倫理的問題点などを総合的に考察せよ。

4 オゾン層の破壊と保護

太陽の紫外線から地球の生命を守る重要な保護作用をもつオゾン層は、おもに 1970 年代以降に大量に放出されるようになったフロンガスによって破壊され、これが大きな環境問題となっている。本章では、大気中での化学反応とオゾン層の生成・破壊メカニズムを考え、グローバルな環境問題として初めて認識されるようになったオゾン層破壊の経緯と現状、オゾン層保護対策についてみてみよう。

4.1 オゾン層の化学
4.1.1 オゾン層生成メカニズム

大気中のオゾンの約 90％は地上 20〜30 km 付近の成層圏中部に集中しており、これを**オゾン層**とよぶ。その量は 0°C, 1 atm では約 3 mm の厚みに相当することから、これを 300 D.U.（**ドブソン単位** = m atm・cm）と表し、大気中のオゾン量の単位として用いる。

成層圏でのオゾン生成は、**チャップマン機構**とよばれる以下の反応サイクル（式 (4.1)–式 (4.4)）に基づく（**チャップマン** (S. Chapman)、1930 年）。

$$\text{O}_2 \ + \ h\nu \ (\lambda > 240\,\text{nm}) \ \longrightarrow \ 2\,\text{O}\bullet \tag{4.1}$$

$$\text{O}\bullet \ + \ \text{O}_2 \ + \ M \ \longrightarrow \ \text{O}_3 \ + \ M \ (\Delta H = -100\,\text{kJ/mol}) \tag{4.2}$$

$$\text{O}_3 \ + \ h\nu \ (\lambda = 240\sim290\,\text{nm}) \ \longrightarrow \ \text{O}\bullet \ + \ \text{O}_2 \tag{4.3}$$

$$\text{O}\bullet \ + \ \text{O}_3 \ \longrightarrow \ 2\,\text{O}_2 \ (\Delta H = -390\,\text{kJ/mol}) \tag{4.4}$$

地上からの酸素分子 (O_2) は、成層圏中〜上部で短波長の紫外線によりラジカル開裂し（式 (4.1)）、生じた酸素原子ラジカル ($\text{O}\bullet$) と O_2 との反応により**オゾン (O_3)** が生じる（式 (4.2)）。M は生成直後の O_3 から過剰なエネルギーを受け取る任意の分子 (N_2, O_2 など) を示し、これがないと反応は右へ進まない。式 (4.2) で生じた O_3 は長波長側の紫外線を吸収して再解離し、$\text{O}\bullet$ と O_2 に戻る（式 (4.3)）。また、O_3 は $\text{O}\bullet$ との反応によっても O_2 に戻る（式 (4.4)）。そ

のため，これらの反応はサイクルとなり，広い波長範囲の紫外線を効果的に吸収し続ける。これにより，地表に到達する紫外線量は大気圏外の約 10^{-30} と大幅に減衰される。また，式 (4.2) および式 (4.4) は発熱反応であり，これらが成層圏中〜上層における熱源となる。このサイクルでは，式 (4.1) および式 (4.4) と比較して式 (4.2) および式 (4.3) が非常に速く，O• と O_3 は平衡状態にある。

　この機構による計算で，大気中で 21 ％の O_2 に対し O_3 が 3×10^{-7} となるバランスが維持されること，また O_3 の 90 ％は成層圏に存在し，分布のピークが成層圏中層に存在する (チャップマンはこの領域を "Ozone layer (オゾン層)" とよんだ) ことが説明できる。

4.1.2　NO および NO_2 によるオゾン分解

　その後の観測で，O_3 分圧のピーク高度およびピークより上の O_3 分圧の実測値が，いずれも彼の計算より低いことが明らかとなり，成層圏に何らかの O_3 分解機構が存在することが示唆されていた。気象学者であった**クルッツエン** (P. Crutzen) らは，その頃始まっていたコンピューターによる気象予測の手法を応用し，NO および NO_2 を触媒とした O_3 の定常的な分解反応サイクル (**クルッツェン機構**，1970 年) が原因となり得ることを示した。

　NO は，土壌中の脱窒細菌によって生成・放出された N_2O が大気中で分解されて生成し，成層圏に運ばれた後，以下の反応サイクル

$$NO + O_3 \longrightarrow NO_2 + O_2 \tag{4.5}$$

$$NO_2 + h\nu \longrightarrow NO + O• \tag{4.6}$$

$$NO_2 + O• \longrightarrow NO + O_2 \tag{4.7}$$

によって O_3 を分解する。同様の反応は，ヒドロキシルラジカル (OH•) によっても起こる。

$$OH• + O_3 \longrightarrow HO_2 + O_2 \tag{4.8}$$

$$HO_2 + O• \longrightarrow OH• + O_2 \tag{4.9}$$

この発見は，成層圏オゾンの反応メカニズムを明らかにしただけでなく，生物活動の環境影響に注目した，**生物地球化学サイクル**の研究の発展に大きく寄与するものとなった。

　なお，成層圏オゾンは中緯度域に多く，極域付近の高緯度域と赤道付近の低緯度域に少ない分布を示す。オゾンは，年間通して紫外線量が多い赤道付近

で多く生成されるが，成層圏大気の夏極から冬極への緩やかな対流 (ブリュー
ワー–ドブソン循環) によって，中緯度域に運ばれるためである。

4.2 オゾン層の人為的破壊
4.2.1 フロンによるオゾン層破壊 (ClOx サイクル)

　前述のオゾン分解機構の原因物質である NO および NO_2 は，人為的にも放
出されているが，対流圏での反応で分解され，ほとんど成層圏に到達すること
はない (2.2.5 参照)。一方，1960 年代後半から成層圏下部を飛行する超音速旅
客機 (SST) の開発が進んでおり，その排気中の窒素酸化物は直接成層圏に注入
されることになる。クルッツエンらはその影響について計算を行い，これによ
るオゾン層の人為的な破壊について予測・警告した (1970 年)。また，ジョンス
トン (H. Johnston) らは，実験をもとに SST 排気中の NOx によりオゾン層が
最大半分程度まで減少する恐れがあることを述べた (1971 年)。彼らの報告は
一時大きな議論を巻き起こしたが，その後 SST 計画はおもに経済的な理由から
縮小され，これにつれてオゾン層破壊についての社会的関心も失われていった。

　次に問題となったのは，**クロロフルオロカーボン (CFC) 類** (日本ではフロ
ンガスとよばれる) の影響である。CFC 類はフッ素と塩素のみを含む人工の炭
素化合物 (図 4.1) で，1928 年に**ミッジリー** (T. Midgely) によって冷媒ガスと
して発明された。CFC 類は，安定で毒性や燃焼性が低いなど安全性が高いう
え，室温程度の沸点をもち自己潤滑性を示すなど，理想的な冷媒として冷蔵庫
やクーラーの普及に大きく貢献し，大量に使用・放出されるようになった。さ
らに，70 年代初めにはスプレー缶の噴射ガスや発泡樹脂用の発泡剤としても使
用されるようになった。

　一方，当時，塩素などを含む化合物に対して非常に高い感度を示す測定器 (電
子捕獲検出器) を開発した**ラブロック** (J. Lovelock) らによって大西洋上大気
の観測が実施され，極微量 (pptv ＝ 体積比で 10^{-12} レベル) ではあるが CFC

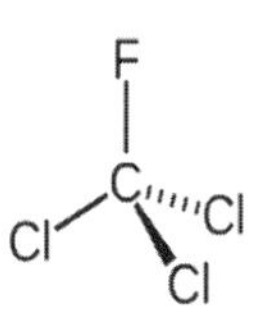

$$
\begin{array}{c}
\text{F} \\
|\\
\text{Cl}-\!\!\!-\overset{}{\underset{|}{\text{C}}}\!\!\!''''\text{Cl} \\
\text{Cl}
\end{array}
$$

図 **4.1** 代表的な **CFC** である CCl_3F (トリクロロフルオロカーボン)
　　　冷媒番号では R11，CFC11 と表記される。

類が全球的に拡散し，大気中に蓄積されていることが報告された。これを知っ
た**ローランド** (F. S. Rowland) らは，「非常に安定な CFC は，大気に放出さ
れると対流圏で分解されずに成層圏まで到達する」と考え，実験によってこれ
がオゾン層の深刻な破壊につながる恐れがあると結論した (1974 年)。例えば，
CCl_3F の場合，成層圏中部で 240 nm 以下の紫外線によって

$$CCl_3F \ + \ h\nu \ (\lambda < 240\,\text{nm}) \ \longrightarrow \ CCl_2F \ + \ Cl\bullet \qquad (4.10)$$

の反応により塩素ラジカル ($Cl\bullet$) を放出する。これが O_3 に作用し，ClOx サ
イクル (ストラウスキー (R. Stolarski) ら，1973 年)

$$Cl\bullet \ + \ O_3 \ \longrightarrow \ ClO\bullet \ + \ O_2 \qquad (4.11)$$

$$ClO\bullet \ + \ O\bullet \ \longrightarrow \ Cl\bullet \ + \ O_2 \qquad (4.12)$$

により，O_3 を分解するだけでなく O_3 の原料となる $O\bullet$ を消費したうえで再び
$Cl\bullet$ に戻ることで，オゾン層破壊を効率的に促進すると予想した。

この連鎖反応サイクルは，$Cl\bullet$ ラジカルが成層圏下部での以下の終止反応

$$Cl\bullet \ + \ CH_4 \ \longrightarrow \ HCl \ + \ CH_3\bullet \qquad (4.13)$$

$$Cl\bullet \ + \ HO_2 \ \longrightarrow \ HCl \ + \ O_2 \qquad (4.14)$$

$$Cl\bullet \ + \ H_2 \ \longrightarrow \ HCl \ + \ H\bullet \qquad (4.15)$$

$$ClO\bullet \ + \ NO_2 \ + \ M \ \longrightarrow \ ClONO_2 \ + \ M \qquad (4.16)$$

によって HCl や $ClONO_2$ のような安定分子 (**貯留物質**) になることで停止す
るが，CH_4 や H_2 はほとんど対流圏で分解する (2.4.2 参照) ために成層圏濃度
は低く，終止反応の確率は低い。そのため，CFC は成層圏中に平均 2 年間滞
留し，1 分子あたり約 10 万分子の O_3 を分解すると見積もられる。彼らは，こ
のままでは数十年後にオゾン層が枯渇すると予測したため，規制が検討され始
めたものの懐疑的な意見も多く，対策は進まなかった。

その一方で，洗浄剤としての CFC 類の優れた特性 (油脂は溶解するが樹脂を
侵さない，粘性・表面張力が低い，など) が注目され，半導体工業の急速な発展
に伴って CFC 類の使用・放出量は急増して行った。また，同様の作用により，
CFC 類より高いオゾン層破壊能力をもつ**ハロン類** (F，Cl に加え臭素 (Br) を
含む炭素化合物) も，消火剤として大量に使用されるようになった。

4.2.2　オゾンホールの発見

　南極で春先に観測されるオゾン分圧の異常減少は，1982年に**忠鉢** (S. Chuubachi) らによる昭和基地上空の測定で発見された。続いて，1985年には**ファーマン** (J. Farman) らが南極大陸全域での成層圏オゾンの枯渇 (**オゾンホール**) を報告し，成層圏オゾンの減少が現実のものとなっていることが明らかとなった。

　図4.2に，春先 (南半球の10月) における南極上空のオゾン分圧の鉛直分布を示す。1968〜1980年の平均値 (点線) では高度20 km付近にピーク (オゾン層) が存在するのに対し，2018年 (実線) には本来最も高いはずのこの高度のオゾン分圧がほとんど0になるほど低下しており，深刻なオゾン層破壊が認められる。図4.3は2018年10月の南半球のオゾン全量の分布 (色の濃い部分はオゾン量が極端に少ないことを示す) を示すが，ほぼ南極全域でオゾン量が減少しており，オゾンホールの形成がみられる。

　発見当時は，これがCFC類による人為的なものであるかについて激しく議論されたが，クルッツエンおよびローランドらの先駆的な研究のおかげで立証のための実験・観測が進み，現在ではオゾンホールはおもにCFC類およびハロン類によるものと結論されている。

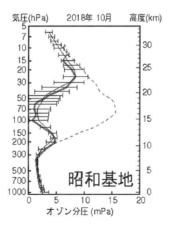

図 4.2　昭和基地上空で2018年10月に観測された成層圏オゾンの鉛直分布
　実線：月平均値，点線：オゾンホールが明瞭に現れる以前の月平均値
(1968〜1980年の平均) を示す。(出典：気象庁，https://www.data.
jma.go.jp/gmd/env/ozonehp/sonde_graph_monthave.html)

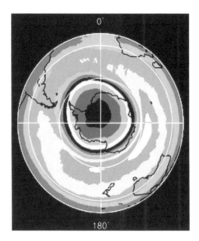

図 4.3　2018 年 10 月の平均オゾン全量の南半球分布
南極上空の色の濃い部分は，オゾン量が極端に低下した領域 "オゾンホール" を示す。(出典：気象庁，https://www.data.jma.go.jp/gmd/env/ozonehp/link_hole_monthave.html)

4.2.3　オゾンホール形成のメカニズム

　極域でのオゾンホール形成は，全球的に気相中で起こる ClOx サイクルとは異なり，固体表面での接触的な不均一反応と考えられる。極域上空では，冬季には強い偏西風によって成層圏に極渦が形成される。外気が遮断されるため渦内部の温度は下がり，$175\,\mathrm{K}\,(-87^\circ\mathrm{C})$ 以下で**極成層圏雲 (PSCs)** とよばれる $HNO_3 \cdot 3\,H_2O$ を含む氷の微結晶が生成する。その表面に ClOx サイクルの終止反応 (式 (4.13)〜式 (4.16)) で生成した貯留物質である HCl および $ClONO_2$ が吸着すると，Cl_2 を生成する反応 (式 (4.17)〜式 (4.19)) が起きる。これらの反応は気相中ではほとんど起きないが，PSCs 表面は HNO_3 と H_2O を取り込むため，これらの反応はこれを触媒として効率的に促進される。

$$ClONO_2 \;+\; HCl \;\longrightarrow\; Cl_2 \;+\; HNO_3 \qquad (4.17)$$

$$ClONO_2 \;+\; H_2O \;\longrightarrow\; HOCl \;+\; HNO_3 \qquad (4.18)$$

$$HCl \;+\; HOCl \;\longrightarrow\; Cl_2 \;+\; H_2O \qquad (4.19)$$

　これにより生成した Cl_2 は，極夜で日照に乏しい冬季には極渦内部に滞留し，太陽光が強まる春先に紫外線によって Cl• を生成して，極渦内部の O_3 を分解する。ただし，極域では日照が少なく O_2 の光解離 (式 (4.1)) の確率は低いた

め，$CIOx$ サイクル (式 (4.12)) に必要な酸素原子ラジカル ($O\bullet$) の存在量は少ない。そのため，ここでは 1987 年に**モリナ** (M. J. Molina) らによって提案された以下の反応

$$CIO\bullet + CIO\bullet \ + \ M \ \longrightarrow \ Cl_2O_2 \ + \ M \qquad (4.20)$$

$$Cl_2O_2 \ + \ h\nu \ (\lambda < 300\,\mathrm{nm}) \ \longrightarrow \ Cl\bullet \ + \ CIO_2 \qquad (4.21)$$

$$CIO_2 \ + \ M \ \longrightarrow \ Cl\bullet \ + \ O_2 \ + \ M \qquad (4.22)$$

またはハロンガスから生じる臭素 (Br) による反応

$$CIO\bullet \ + \ BrO \ \longrightarrow \ Br\bullet \ + \ Cl\bullet \ + \ O_2 \qquad (4.23)$$

によって進むと考えられる。いずれにしても，$Cl\bullet$ および $CIO\bullet$ などを触媒としたこれらの反応によって極渦内部の O_3 は春先にほぼ完全に破壊され，オゾンホールが形成される。

また，PSCs 表面では大気中の N_2O_5 の反応も促進される。

$$N_2O_5 \ + \ H_2O \ \longrightarrow \ 2\,HNO_3 \qquad (4.24)$$

$$N_2O_5 \ + \ HCl \ \longrightarrow \ CINO_2 \ + \ HNO_3 \qquad (4.25)$$

大気中から PSCs に N_2O_5 が硝酸として取り込まれるが，気相中の N_2O_5 は NO_2 と

$$2\,N_2O_5 \ \rightleftharpoons \ 4\,NO_2 \ + \ O_2 \qquad (4.26)$$

の平衡にあるため，N_2O_5 の減少で平衡が右から左に移動し，大気中の NO_2 が減少する (脱窒)。

HNO_3 と H_2O を吸収して成長した PSCs は成層圏下部に降下するため，この反応は成層圏下部の NO_2 を取り除く。そのため終止反応 (式 (4.16)) が抑制されて $CIO\bullet$ 濃度が高くなり，これを触媒とした O_3 分解反応が加速される。

現在は，成層圏中の $Cl\bullet$ を含む分子や NOx の濃度が高いため，PSCs 生成温度 (175 K) 以下になった領域はほぼ自動的にオゾンホール化し，南極大陸の面積を優に超える範囲がオゾンホール化する状況が続いている。ちなみに，北極でオゾンホールが観測されることが少ないのは，北極には近くに大陸と高山があり，その影響で**プラネタリー波**とよばれる気流の振動が起きて極渦が乱されやすく，極渦内部の温度が下がりにくいためと考えられる。なお，夏に極渦が解消するにつれてオゾンホールも消滅し，内部の O_3 が失われた大気は南半球全体に流出する。

4.2.4 火山噴火の影響

同様の不均一反応は，成層圏下部に生成する硫酸エアロゾルによっても起きる。火山ガスに含まれる SO_2 は，噴煙が成層圏に到達するような大規模な火山噴火の際に成層圏に直接注入された後，H_2SO_4 に酸化され硫酸エアロゾルを形成する。

これは大気中の HNO_3，H_2O および HCl をよく吸収するため，PSCs と同様に O_3 分解を促進する。このことから，大規模な火山噴火後と成層圏 O_3 の減少には関連があると考えられ，1991 年のピナツボ火山 (フィリピン) の大噴火が，1992〜1993 年に観測された全球的な O_3 濃度減少 (図 4.5 参照) に影響した可能性があるとみられる。

4.3 オゾン層保護対策 —— 積極的な規制と代替フロン類の開発

4.3.1 ウィーン条約とモントリオール議定書

オゾンホール発見を機に，衛星による全球的な観測や，国際的な規制 (ウィー

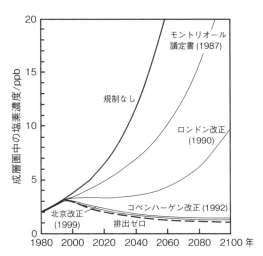

図 4.4 モントリオール議定書における削減対策の各改正案での成層圏大気中の塩素濃度の予測値

(出典：World Meteorological Organization (WMO) *"Twenty Questions and Answers About the Ozone Layer: 2014 Update, Scientific Assessment of Ozone Depletion: 2014"* (Q20) をもとに作成)

ン条約 (1985 年採択，1989 年発効) およびこれに基づく**モントリオール議定書**
(1987 年採択)) が開始された。モントリオール議定書による規制は，オゾン層
に有害なフロンガス類などの生産・消費・貿易を禁止するという徹底したもの
であるうえ，その後の科学的な理解の進歩を受けて段階的に強化されてきた。

　例えば，1990 年ロンドン改正では当初の予定が前倒しされて「特定フロンの
2000 年全廃」となり，その後の研究で効果が不十分とみられたことから，1992
年のコペンハーゲン改正で「CFC 類全般の 1996 年全廃」と，さらに強化され
た (図 4.4)。こうした積極的な対策の結果，成層圏中の Cl 濃度は減少に向かっ
ているとみられる。

4.3.2　代替フロン

　規制に伴い，よりオゾン層への影響が少ない**代替フロン**の開発と，これへの
置き換えが進められた。表 4.1 に，**特定フロン**として規制された CFC 類およ
び**ハロン**類と，代替フロン (**ハイドロクロロフルオロカーボン (HCFC) 類**お
よび**ハイドロフルオロカーボン (HFC) 類**) の大気寿命および**オゾン層破壊指
数**を示す。CFC 類は，一般に分子内の F 原子数が多いほど安定で長い寿命を
もつ。また，ハロン類のオゾン層破壊指数は，CFC 類に比べて数倍高い。

　HCFC 類は，CFC 類の分子に H を導入したもので，他の炭化水素類と同様

**表 4.1　CFC, HCFC, HFC およびハロン類の大気寿命
とオゾン層破壊指数**

化合物 (名称)	大気圏寿命 / 年	オゾン層破壊指数 (ODP)*
CCl_3F　(CFC11)	50	1
CCl_2F_2　(CFC12)	102	0.9–1
CCl_2FCClF_2　(CFC113)	85	0.8–0.9
$CClF_2CClF_2$　(CFC114)	300	0.6–0.8
$CBrClF_2$　(ハロン 1211)	20	2.7
$CBrF_3$　(ハロン 1301)	65	11.4
$CHClF_2$　(HCFC22)	12.4	0.04–0.06
CF_3CHC_2　(HCFC123)	1.4	0.013–0.022
CF_3CH_2F　(HFC134a)	13.8	0

＊　CFC11 を 1 とした相対的な能力の推定値
(出典：経済産業省，https://www.meti.go.jp/policy/chemical_
management/ozone/files/ODS&ODP.pdf をもとに作成)

に対流圏でのヒドロキシルラジカル (OH•) による反応 (水素引き抜き) によっ
て分解されやすくしたものである (2.4.2 参照)。これにより，CFC 類と比べて
大気圏寿命は短くなり，オゾン層破壊能は数十分の 1 に低減される。ただし，
これらもオゾン層破壊指数が 0 ではないことから，1992 年北京改正で「HCFC
類の先進国 2020 年，途上国 2030 年全廃」が定められた。

　一方，HFC 類は，原因物質である Cl を含まないためオゾン層破壊能をもた
ない (ODP = 0)。しかし，CFC 類や HCFC 類と同様，HFC 類も CO_2 の数
千倍に相当する高い地球温暖化係数 (GWP) を示す温室効果ガスであるため，
気候変動の観点から 2016 年キガリ改正において規制 (先進国で 2036 年までに
段階的に削減など) が決定した。

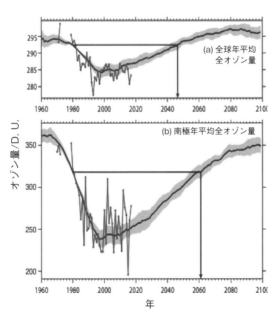

図 4.5 　年平均オゾン全量の実測値 (プロット) および計算による予測値
(不確かさの範囲 (グレー) を伴う実線)

D.U. (ドブソン単位) は，地表から大気圏上端までの気柱中のオゾンを
標準状態 (0°C，1 atm) としたときの厚みを 0.01 mm 単位で表したも
の。(出典：World Meteorological Organization (WMO) *"Twenty
Questions and Answers About the Ozone Layer: 2014 Update,
Scientific Assessment of Ozone Depletion: 2014"* (Q20) の一部
を修正)

　代表的な HFC である HFC134a (CF_3CH_2F) は，自動車エアコン用冷媒として広く用いられてきたが，欧州連合 (EU) では 2017 年以降に生産される自動車での使用が禁止されている。冷凍能力の点では，十分にこれに代わるものがない状況であったが，近年開発が進んでいる**ハイドロフルオロオレフィン (HFO) 類**の HFO–1234yf ($2,2,3,3$–テトラフルオロプロペン，GWP < 1) などへの置き換えが検討されている。

　成層圏オゾン全量は，現在ほぼ最低レベルとみられているが，対策の成果によりその減少は 2000 年前後を境に抑えられつつあり，現行の規制が遵守されれば全球平均・南極域ともに今世紀半ばには 1980 年と同等のレベルに戻ると予想されている (図 4.5)。一方，しばらくはまだオゾン全量の低い期間が続くとみられること，また規制以後は減少傾向にあった特定フロン類の濃度が，近年わずかながら増加し始めていることなど，今後も注意が必要である。

章末問題 4

4.1　以下の反応式の ①[　　] ~ ⑫[　　] に適切な記号または数字を入れよ (式中の①~⑫は，同じ番号の [　　] の内容が入ることを示す)。

(1)　チャップマン機構によるオゾンの生成

$$O_2 \; + \; h\nu \;\; (\lambda > ①[\quad] \text{nm}) \;\; \longrightarrow \;\; 2②[\quad]$$

$$② \; + \; ③[\quad] \; + \; M \;\; \longrightarrow \;\; O_3 \; + \; M \;\; (\Delta H = -100\,\text{kJ/mol})$$

$$O_3 \; + \; h\nu \;\; (\lambda = 240{\sim}④[\quad]\text{nm}) \;\; \longrightarrow \;\; ② \; + \; ③$$

$$② \; + \; ⑤[\quad] \;\; \longrightarrow \;\; 2③ \;\; (\Delta H = -390\,\text{kJ/mol})$$

(2)　ClOx サイクルによるオゾンの分解

$$Cl\cdot \; + \; O_3 \;\; \longrightarrow \;\; ⑥[\quad] \; + \; ⑦[\quad]$$

$$⑥ \; + \; ⑧[\quad] \;\; \longrightarrow \;\; Cl\cdot \; + \; ⑦$$

(3)　オゾンホール生成での PSC 表面での反応

$$⑨[\quad] \; + \; HCl \;\; \longrightarrow \;\; ⑩[\quad] \; + \; HNO_3$$

$$⑨ \; + \; H_2O \;\; \longrightarrow \;\; ⑪[\quad] \; + \; HNO_3$$

$$HCl \; + \; ⑪ \;\; \longrightarrow \;\; ⑩ \; + \; ⑫[\quad]$$

4.2　フロン類が半導体工業用の洗浄剤として大量に使用されるようになった理由の 1 つに，液状フロンの表面張力が低いことがあげられる。それはなぜか。

4.3　次の代替フロン類が，なぜオゾン層の保護に役立つのか。その理由を述べよ。

　(1)　HCFC 類　　(2)　HFC 類

5 気候変動

　現在，これまでの人類活動の影響として，地球全体の温暖化に伴う**気候変動**が懸念されている。本章では，地球の気候メカニズムとこれに影響を与える要因を考え，気候変動の現状とこれに対する人類活動の影響，将来の気候変動とその影響の予測，および気候変動対策についてみてみよう。

5.1　地球の気候

　気候とは，長期の大気現象を総合した状態を意味し，世界気象機関 (WMO) によれば「気温・降雨など気象の 30 年間の平均状態」と定義される。気候は，緯度，海抜高度，地形，水陸分布，海流などの地理的・物理的な因子に影響されるため地域差は生じるが，地球全体の平均である全球的な気候を決めるおもな因子は，太陽エネルギーとその収支である。

　これに対し，工業化 (1800 年代半ば) 以降，人為的な影響が全球的な気候の変動 (平年状態からの偏差) を引き起こしている可能性が指摘されており，気候変動問題として懸念されている。各分野の研究結果をもとに，地球温暖化防止政策に必要な最新の自然科学的・社会科学的知見を評価・報告する国連機関「**気候変動に関する政府間パネル (IPCC)**」によれば，年変動はあるものの，全球平均地表気温は 1900 年前後を境に明らかな上昇傾向に転じており (図 5.1(a))，2011〜2020 年の平均は 1850〜1900 年の平均に比べ 0.95〜1.20°C 上昇したとみられる。また，平均海面水位 (図 5.1(b)) も 1901〜2018 年で 0.15〜0.25 m 上昇し，温暖化の影響とみられる変化 (グリーンランドや南極の氷床質量の減少，北半球の積雪および海氷面積の減少，永久凍土の融解の進行など) も，高い確信度で観測されている。

　一方，温室効果をもつ CO_2 の大気濃度は，工業化以前より約 40 ％増加して過去 200 万年間のどの時点よりも高く，海水への CO_2 溶解量の増加と海水の酸性化も観測されている。また，その他の温室効果ガス (メタンや一酸化二窒素など) の大気中濃度にも，同様の増加がみられる (図 5.1(c))。

　以上の点から，IPCC 第 6 次報告書 (2021〜2022 年) では，「人間の影響が大

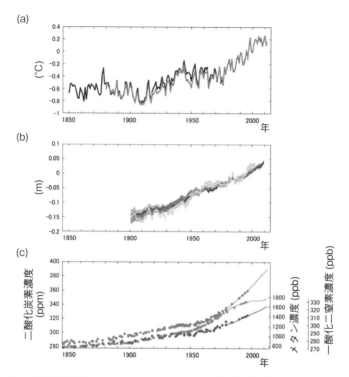

図 **5.1**　工業化以前 (1850〜1900 年) からの (a) 世界平均地上気温 (陸域 ＋ 海上), (b) 世界平均海面水位, (c) 世界平均温室効果ガス濃度の変化
(出典：気象庁 IPCC AR5 WG1 政策決定者向け要約)

気，海洋及び陸域を温暖化させてきたことには疑う余地がない。大気，海洋，雪氷圏及び生物圏において，広範囲かつ急速な変化が現れている。」と結論しており，こうした温度上昇とそれに起因する気候変化，および大気・海洋中の CO_2 増加などの温暖化要因の増加傾向は，少なくとも今世紀半ばまでは続くと考えられている。

5.1.1　地球の熱収支

　地表付近の温度は，おもに太陽から受け取るエネルギー吸収と配分 (**熱収支**) によって決まる。地球は，現在ほぼすべてのエネルギーを太陽から光の形で受け取っており，太陽の放射エネルギーは，観測される太陽光の波長分布 (スペクトル) から**黒体放射**の関係に基づいて求めることができる。物体の温度と，そ

の物体が放射する黒体放射スペクトルのピーク波長 $\lambda_{\max}$ との間には,

$$\lambda_{\max} = \frac{hc}{5kT}$$

の関係が成り立つ (**ウィーン (Wein) の放射法則**)。ここで, h はプランク定数, k はボルツマン定数, c は光速, T は絶対温度である。これにより, 非接触で遠く離れた天体や高温の物体の温度を測定できる。図 5.2 に, 種々の温度における黒体放射および大気圏外で測定された太陽光のスペクトルを示す。太陽光のピーク波長は可視領域 (約 400〜700 nm) に存在し, 5800 K の黒体放射スペクトルとよく一致することから, これが太陽の表面温度に相当すると考えられる。

また, 物体の温度と放射エネルギー $E\,(\mathrm{W/m^2})$ には, **シュテファン–ボルツマン (Stefan-Boltzmann) の式**

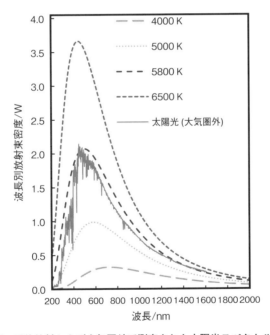

図 **5.2 黒体放射および大気圏外で測定された太陽光スペクトル**
200〜400 nm および 500〜600 nm に O_3, 600〜1200 nm に H_2O の吸収がみられる。
(出典:The U. S. Department of Energy (DOE)/NREL/ ALLIANCE より得られた "2000 ASTM Standard Extraterrestrial Spectrum Reference E-490-00" をもとに作成)

$$E = \sigma T^4$$

が成り立つ。ここで，σはシュテファン–ボルツマン定数5.67×10^{-8} W/(m^2 K^4)
である。これにより太陽のエネルギーフラックス (単位時間・単位面積あたり
の放射エネルギー) が求められる。したがって，これに太陽の表面積を掛けれ
ば太陽の全放射エネルギーが求められ，これを「地球から太陽までの距離 d を
半径とする球の表面積」で割ることで，地球の位置に届くエネルギー (**太陽定数**
$E\mathrm{s}_0$) が求められる (一定のエネルギーが全方位に拡散し，半径 d の球の内側を
照らすと考えられるため)。すなわち，太陽の表面温度を $T\mathrm{s}$ (約 5800 K)，太陽
の半径を r_s (7×10^5 km)，太陽から地球の距離を d (1.5×10^8 km) とすると，

$$E\mathrm{s}_0 = \sigma T\mathrm{s}^4 \times \frac{4\pi r_\mathrm{s}^2}{4\pi d^2} = \sigma T\mathrm{s}^4 \times \frac{r_\mathrm{s}^2}{d^2} = 1370 \,\mathrm{W/m}^2$$

となる。さらに，地球に入射する面積あたりの平均エネルギーは，これに投影
面積 (地球の断面積 πr_e^2，r_e は地球の半径) を掛けて表面積 ($4\pi r_\mathrm{e}^2$) で割った
もの，すなわち，太陽定数の 1/4 (342 W/m^2) に相当する。

　このうち，地球システム全体 (大気・海洋・地表) が吸収する年平均エネル
ギー (I_e) は，雲，**大気粉塵 (エアロゾル**または**エーロゾル)**，海水面および地表
や海氷などによる散乱・反射で宇宙に散逸する分を除いたものに相当する。反
射で散逸する割合を**アルベド** (A) といい，約 30 ％と見積もられる。これを用
いると I_e は，次式で与えられる。

$$I_\mathrm{e} = \frac{1}{4}(1 - A)E_{\mathrm{s}_0} = 235 \,\mathrm{W/m}^2$$

地表が吸収するエネルギーは，I_e から大気成分による吸収分 (大気吸収率 α,
約 30 ％) を除いたものとなるので，$I_\mathrm{e}(1 - \alpha)$ より 168 W/m^2 となる。

　地表が吸収したこのエネルギーは，地球上で様々に作用した後，そのすべて
が宇宙へ向かって再放射されている。すなわち，**放射平衡**が成立していると考
えられ (そうでなければ温度は一方的に増加する)，これが地表の温度を考える
うえでの前提となる。

　吸収したエネルギーがそのまま宇宙へ放射されるものとして，その場合の地
球の温度 (**有効放射温度**) を計算してみよう。シュテファン–ボルツマンの式に
より 235 W/m^2 を放射する黒体の温度を計算すると，約 254 K (-19°C) とな
る。これは，現在の全球年平均地表気温である 15°C とは大きく異なる一方，
太陽からの距離が地球とほぼ等しいものの大気をもたない月の平均気温である
-18°C とはよく一致している。これらのことから，もし地球に大気がなけれ

ばこれとほぼ同等の温度となることが考えられ，現在の温度 (15°C) との差は
おもに大気の**温室効果**によるものと考えられる。

5.1.2 一層大気モデル

このような地球の熱収支に基づき，大気をもつ地球の地表温度を計算してみ
よう。まず，地表が吸収するエネルギーは，$I_e (1 - \alpha)$ となる (5.1.1 参照)。こ
れに対し，地表から宇宙へ向けて放射されるエネルギーは，地表温度を T_g と
するとシュテファン–ボルツマンの式より $\sigma T_g{}^4$ で与えられる。一方，地表放射
の大部分は大気に吸収されており，大気吸収率 β は 94 ％と α と比べて，はる
かに高く見積もられる。これは，図 5.3 が示すように，地表放射がおもにピー
ク波長約 15 μm の赤外光であり，地球大気成分である H_2O, O_3, CH_4, CO_2
などがこれを吸収するためである。

これらの分子は，地表からの赤外放射を吸収して振動・発熱するため，**温室
効果ガス**とよばれる。中でも CO_2 と H_2O は，吸収の大きさが示すように大
きな温室効果をもっている。また，地表放射の赤外光のうち天然の地球大気が
吸収しない 11 μm 付近のわずかな波長領域は**窓領域**とよばれ，地表放射の約

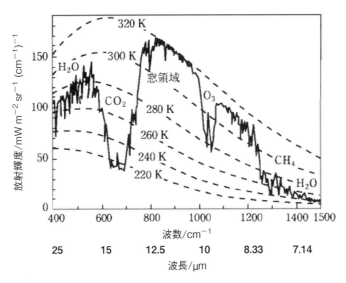

図 **5.3** 大気圏外で観測された地表放射スペクトル (サハラ砂漠上空)
(出典：御代川貴久夫著，環境科学の基礎 改訂版，培風館，2003 より引用)

6％は吸収されずここから宇宙へ散逸している。これに対し，人工物質である CFC 類はこの領域に吸収をもち，微量ではあるが無視できない温暖化因子となっている。

　実際の大気の温度は高さによって異なるが，熱収支を単純化するため，大気層を厚みのない1枚の層に近似したものを**一層大気モデル**という（図 5.4）。大気層の温度を T_a とすると，層の上面からは宇宙へ，下面からは地表へ向けて，それぞれ $\sigma T_a{}^4$ のエネルギーを放射していることになる。このように，大気放射の約半分が地表へ向けて再放射されていることが大気の温室効果の原因であり，これによって地表付近は偏って暖められている。

　以上より，地表および大気層のエネルギー収支は，それぞれ

$$\text{地表面：} \quad (1-\alpha)I_e - \sigma T_g{}^4 + \sigma T_a{}^4 = 0$$
$$\text{大気層：} \quad \alpha I_e + \beta \sigma T_g{}^4 - 2\sigma T_a{}^4 = 0$$

となる（大気層で $-2\sigma T_a{}^4$ となるのは，$\sigma T_a{}^4$ を上面と下面からそれぞれ放射するため）。そこで，連立方程式を立ててこれを解き，上式の値を用いて計算すると T_g は約 287 K（14～15°C）となり，実際の年平均地表気温 15°C とほぼ一

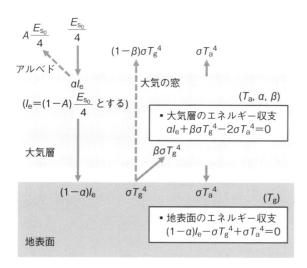

図 5.4　一層大気モデル
T_a: 大気温度，T_g: 地表温度，E_{s_0}: 太陽定数（1370 W/m²），A: アルベド（30％），α: 大気の太陽放射吸収率（30％），β: 大気の地表放射吸収率（94％），σ: シュテファン–ボルツマン定数（5.67×10^{-8} W/(m² K⁴)）

致することがわかる。

5.1.3 気候変動とその要因

気候変動 (**温暖化**) は、工業化 (19 世紀半ば) 以降の気候の変化をさし、人為的気候変動要因 (**温暖化要因**) は、これ以降に人為的に変化して気候に影響を与えたとみられる要因をさす。一層大気モデルで示した通り、地球の熱収支におけるおもな因子は、① 太陽放射 E_{s_0}、② アルベド A (太陽放射反射率)、③ 地表放射の大気吸収率 β であり、人為的に変動するのは②および③である。例えば、アルベド A は大気粉塵 (エアロゾル) が増加すれば増加し、地球を冷却する効果をもつ。また、β は地表からの赤外放射を吸収する温室効果ガスの種類と量の影響に依存し、その増加は温暖化に対し「＋」効果をもつ。

図 5.5 は、考えられる各温暖化要因と、工業化以降の気温変化に対する寄与を示している (IPCC 第 6 次報告書)。工業化以前 (1850〜1900 年) から 2010〜

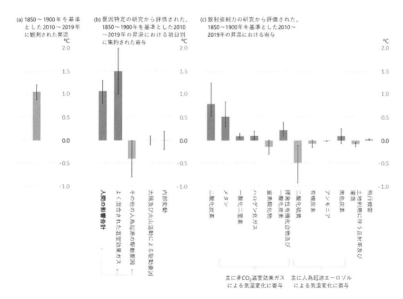

図 5.5　工業化以前 (1850〜1900 年) からの昇温と、これに対する各温暖化要因の寄与

(a) 1850〜1900 年を基準とした 2011〜2019 年の昇温、(b) 各駆動要因の (a) に対する寄与、(c) 各駆動要因に対する各因子の寄与
(出典：気象庁 IPCC AR6 WG1 政策決定者向け要約)

2019年までの人為的な昇温は，1.07 [0.8〜1.3] °C と推定される (図 5.5(a))。そのうち，よく混合された (濃度に地域的偏りのない) 温室効果ガスは 1.0〜2.0°C の昇温，その他の人為起源の駆動要因 (おもにエアロゾル) は 0〜0.8°C の降温に寄与したと見積もられ，1979年以降の対流圏の昇温のおもな駆動要因は，CO_2 をはじめとする温室効果ガスである可能性が非常に高い。一方，自然起源の駆動要因の寄与は −0.1〜0.1°C と，人為的影響に比べてごくわずかとみられる (図 5.5(b))。

図 5.5(c) は，駆動要因に影響を与える具体的な因子の寄与を，それぞれの**放射強制力**に基づいて見積もったもの示す。放射強制力は，種類の異なる温暖化因子の影響を共通の尺度で表すため，気温への影響を対流圏界面に入射する太陽放射エネルギー $[W/m^2]$ に換算して表したもので，「+」は温暖化，「−」は寒冷化の効果を示す。このように，各温室効果ガス類が温暖化，エアロゾル類が寒冷化に寄与し，人為的な影響はこれらのバランスであることがわかる。

また，各データのエラーバーはそれぞれの推定の不確かさを示しており，一般に科学的な理解の程度が低いものは不確かさも大きい。中でもエアロゾルの影響の見積もりには，かなり大きな不確かさがみられる。このように，現状の温暖化要因とその影響の見積もりには，大きな不確かさが含まれる。

5.1.4 温室効果ガスの影響

表 5.1 に，**温室効果ガスインベントリ**として，各国の年間排出・吸収量の提出が規定されている温室効果ガス (CFC, HCFC, HFC 類については最も濃度が高いもの) と，その効果に関する各パラメータを示す。**地球温暖化係数 (GWP)** は各成分の温暖化影響の尺度であり，ある成分 1 kg を現在の大気に注入したときの放射強制力を一定期間 (通常は 100 年間) 積分し，CO_2 を 1 とした相対値で表したものである。放出後の大気中での分解などによる濃度変化を考慮しており，GWP は寿命が長いほど，また工業化以降の増加率が高いほど高くなる。

このように，オゾン層保護のために規制された CFC 類以外の温室効果ガスの濃度増加は続いており，IPCC 第 6 次報告書では「これらの増加が人間活動によって引き起こされたことに疑う余地がない」としている。各成分の特徴を以下に示す。

表 **5.1** おもな温室効果ガス

化合物	寿命 [年]	濃度 [ppbv]*		2011～2019 年の 増加率 [ppbv/年]	地球温暖化係数 (100 年 GWP)
		1750	2019		
CO_2	5–200	278×10^3	410×10^3	1.9×10^3	1
CH_4	8.4	700	1866	6.3	23
N_2O	120	270	332	0.8	296
CFC11	45	0	227×10^{-3}	-1.1×10^{-3}	4600
CFC12	100	0	503×10^{-3}	-2.6×10^{-3}	10200
HCFC22	11.9	0	250×10^{-3}	3.1×10^{-3}	1700
HFC134a	14	0	110×10^{-3}	4.5×10^{-3}	1430
CF_4	50000	40×10^{-3}	86×10^{-3}	0.67×10^{-3}	5700
SF_6	850	4.2×10^{-3}	10×10^{-3}	0.27×10^{-3}	22200
NF_3	500	0.0058×10^{-3} (1979)	2.2×10^{-3}	0.13×10^{-3}	17200

* ppbv：体積比で 10^9 分の 1 (10 億分の 1)
(出典：IPCC, Climate Change 2021: The Physical Science Basis をもとに作成)

（1） 二酸化炭素 (CO_2)

二酸化炭素 (CO_2) は，定常的な温室効果気体のうち最も温暖化への寄与が大きく，温室効果ガス全体の寄与のうち約 64％を占める。現在 (2019 年) の濃度は 410 ppm，2011～2019 年の増加は 19 ppm で，近年も含めて工業化以降の濃度増加が著しい。

3 章に示したように，CO_2 は全球的な**炭素循環 (生物地球化学サイクル)** での大気中における炭素の一形態である。その大気濃度は，地圏・水圏・生物圏に存在する種々の**炭素リザーバー (貯蔵庫)** との収支によって決まり，地圏・水圏には種々の形態で大気中よりもはるかに多くの炭素が貯蔵されている (3 章の図 3.7 参照)。炭素の収支は，気温の影響で複雑に変化すると考えられ，その結果として貯蔵されている炭素の一部が大気へ放出されれば大気中の CO_2 濃度が上がり，温暖化を加速する可能性がある (5.1.7 参照)。

炭素には，自然・人為それぞれに種々の吸収源および放出源が存在するが，それぞれをまとめると，おもな放出源が人為起源である化石燃料燃焼とセメント製造および土地利用 (森林伐採による放出と植林による吸収分の差し引きで放出が上回る) であるのに対し，おもな吸収源は自然起源である海洋 (海洋への溶解・沈積，海洋生物による吸収などと，海洋生物の呼吸などによる放出の差し引きで吸収が上回る) および陸域の植生 (光合成による吸収と呼吸による排出の差し引きで吸収が上回る) と考えることができる。

このように，海洋への溶解・固定は有効な CO_2 吸収源として期待される。し
かし，大気と接する表層海水は 1～2 年で飽和に達するのに対し，これが**熱塩
循環** (5.3.1 参照) により中・深層水と入れ替わるには 1000～2000 年が必要で
あるため，近年のような大気中 CO_2 濃度の急増には追従できない恐れがある。

また，同様に有効な吸収源である植生 (森林など) については，生育途中の植
物では光合成による炭素固定が呼吸による放出を大きく上回るため，植林は効
果的であるが成長した森林自体はあまり吸収に寄与しない。一方，土地利用の
変化に含まれる森林伐採では，伐採後の木の燃焼や腐敗により CO_2 や CH_4 を
放出されるため，短期的には放出源となる。また，植生の光合成から呼吸によ
る炭素循環には 1～100 年を要する。

表 5.2 に，工業化以降の CO_2 収支の総計と，最近の各 10 年ごとの CO_2 収
支を示す。工業化以降の総計では，大気への放出の合計 (A) は 555 GtC (炭素
5550 億トン)，うち化石燃料燃焼とセメント製造が 375 GtC，土地利用変化が
180 GtC となる。一方，大気からの除去の合計 (B) は 315 GtC，うち海洋への
吸収分が 155 GtC，植生 (森林など) への吸収分が 160 GtC で，両者の差し引
き (A − B) から，工業化以降の放出分の約 43 ％に相当する 240 GtC が CO_2
として大気に残留していると考えられる。

また，最近の各 10 年ごとの変化では，海洋および植生への吸収がほぼ変わら
ないのに対して大気への放出は増え続けており，2000～2009 年で 4 GtC，す

**表 5.2　工業化以降 (1750～2011 年) の総計および最近各 10 年における
地球上の CO_2 収支**

	1750～ 2011 年総計	1980～ 1989 年	1990～ 1999 年	2000～ 2009 年	2002～ 2011 年
A. 大気への放出	555	6.9	8.0	8.9	9.2
化石燃料燃焼と セメント製造	375 ± 30	5.5 ± 0.4	6.4 ± 0.5	7.8 ± 0.6	8.3 ± 0.7
土地利用変化 (森林伐採など)	180 ± 80	1.4 ± 0.8	1.6 ± 0.8	1.1 ± 0.8	0.9 ± 0.8
B. 大気からの除去	315	3.5	4.9	4.9	4.9
海洋への吸収	155 ± 30	2.0 ± 0.7	2.2 ± 0.7	2.3 ± 0.7	2.4 ± 0.7
植生への吸収	160 ± 90	1.5 ± 1.1	2.7 ± 1.2	2.6 ± 1.2	2.5 ± 1.3
大気中に残留 (A − B)	240	3.4	3.1	4.0	4.3

単位は GtC (炭素質量 10 億トン相当)，± の値は 90 ％信頼区間を示す。
(出典：気象庁 IPCC AR5 WG1 技術要約をもとに作成)

なわち平均で年間 $0.4\,\mathrm{GtC}$ が大気に残留していることになる。これは，近年の CO_2 増加率である約 $2.0\,\mathrm{ppm}$/年に相当する。

（2） メタン (CH_4)

メタン (CH_4) は CO_2 に次ぐ温暖化因子であり，温室効果ガス全体の寄与の約 20 ％に相当する。CH_4 濃度は，工業化以前から約 2.5 倍に増加 (1750 年 $722\,\mathrm{ppb}$，2019 年 $1866\,\mathrm{ppb}$) している。濃度は 1990 年代には安定していたが 2007 年に再び上昇し始め，現在の増加率は約 $7\,\mathrm{ppb}$/年である。

排出量の 50〜65 ％が人為起源 (牧畜 (牛などの反芻動物)，化石燃料の採掘・使用，水田耕作，埋立てなど) とみられ，人為起源の割合が高い。放出された CH_4 は，約 90 ％がヒドロキシルラジカル (OH•) により対流圏で分解され，滞留時間は約 8.4 年と短い。そのため，その削減は即効性のある温暖化対策として有効と考えられる。

（3） ハロカーボン (CFC，HCFC，HFC) 類

ハロカーボン類は微量ではあるが，安定で大気中での寿命が長く，また「大気の窓」領域の地表赤外放射を吸収するため，数百から数万と非常に大きな GWP を示す。2019 年の濃度は，**ハイドロフルオロカーボン (HFC) 類**合計 (HFC134a 換算) $237\,\mathrm{ppt}$，モントリオール議定書に規定されたその他のガス (**クロロフルオロカーボン (CFC) 類**および**ハイドロクロロフルオロカーボン (HCFC) 類**，CFC12 換算) の合計で $1032\,\mathrm{ppt}$ である。

ハロカーボン類の放射強制力のうち，約 85 ％を CFC 類 (CFC11，CFC12，CFC113) および HCFC22 が占める。CFC 類はオゾン層保護のための規制効果で濃度が減少しつつあるが，規制が遅れた HCFC 類および HFC 類の濃度は現在もまだ上昇を続けており，CFC 類の減少分を相殺している。

（4） 一酸化二窒素 (N_2O)

一酸化二窒素 (N_2O) は，CO_2 の約 300 倍の地球温暖化ポテンシャル (GWP) を示すうえ，近年の大気濃度 ($332\,\mathrm{ppb}$，2019 年) は工業化以前の約 1.2 倍と増加し続けており，2011 年からの増加は $8\,\mathrm{ppb}$ である。排出源の約 54 ％が自然起源 (海洋からは溶解した有機物の分解，陸域からは土壌中の脱窒細菌の代謝) であり，人為起源の排出は窒素肥料の使用による。N_2O は対流圏では分解されず，成層圏に到達した後，紫外線により

$$\text{N}_2\text{O} + h\nu \longrightarrow \text{N}_2 + \text{O}, \quad \text{N}_2\text{O} + \text{O} \longrightarrow 2\,\text{NO}$$

の反応で分解される。

(5) オゾン (O_3)

オゾン (O_3) は温室効果をもち, 対流圏オゾンは2011〜2019年で年0.072 D.U. と増加しているため温暖化に「＋」効果を示すのに対し, 成層圏オゾンはオゾン層破壊によりその濃度が減少 (2011〜2019年で年 −0.48 D.U.) しており,「−」効果を与える。対流圏オゾンは, 大気に放出された炭化水素と窒素酸化物の光化学反応で発生する**光化学オキシダント** (2.3節) の主成分であり, 短寿命のため変動および地域差が大きい。対流圏オゾンの増加には, おもにアジアでの発生量増加が影響している。一方, 成層圏オゾンの「−」効果は, オゾン層回復により今後減少するものとみられる。

(6) パーフルオロカーボン (PFC) 類

パーフルオロカーボン (PFC) 類は, 非常に長い大気寿命 (パーフルオロメタン (PFM) 約5万年, パーフルオロエタン (PFE) 約1万年) をもつ強力な温室効果ガス (GWPはそれぞれPFM 7390とPFE 12200) であり, PFMの大気中濃度はCO_2の約10万分の1にもかかわらず, その放射強制力への寄与はCO_2の500分の1に相当する。

現在の濃度は, PFCs合計 (CF_4換算) で109 pptである。PFC類は大気中で極めて安定で, 環境からのおもな除去経路は内燃機関での高温燃焼プロセスである。天然の土壌からもわずかに排出される一方, アルミニウムおよび半導体製造による人為起源の放出が増加し続けており, PFCs中で最も多いPFMの大気中濃度は, 1980年の2倍以上となっている。

(7) 六フッ化硫黄 (SF_6) および三フッ化窒素 (NF_3)

六フッ化硫黄 (SF_6) と三フッ化窒素 (NF_3) は, いずれも長寿命の非常に強力な温室効果ガスである。特に, SF_6はGWP 22200と他の温室効果ガスに比べて高いGWPをもつ。SF_6は優れた絶縁性をもつ気体で人体に無害で安定であるため, ガス絶縁開閉装置など配電機器に広く用いられており, 大気濃度は年0.2〜0.3 pptvと着実に増加している。

NF_3はもともと大気中にはほとんど存在しておらず, 大気濃度は1978年に

初めて約 0.02 pptv と測定された。しかし，半導体・LCD (液晶) パネルや一部のソーラーパネルの製造に使用されるようになって以来，その濃度は上昇している。近年の増加率は現在約 6 ％であり，これをもとに見積もられる大気への放出量が総生産量の 10 ％以上と非常に高いことから，排出規制の強化が求められている。

5.1.5 水蒸気の影響

水蒸気は地球大気成分中で最も温室効果が高く (CO_2 の 2〜3 倍と見積もられる)，地球の気候の維持に不可欠である一方，CO_2 と同様に工業化以降の人為的排出 (化石燃料の燃焼，発電所の冷却，農作物からの蒸散など) も増加している。しかし，水蒸気には水圏・地圏に存在する大量の水 (液体・固体) との間に大量の**循環フラックス** (3.1 節) が存在するため，工業化以降の大気濃度に人為的な排出の明らかな影響はみられず，温暖化要因にはならない。

ただし，大気中の飽和水蒸気圧は気温によって増加するため，水蒸気は気候にとって重大な正のフィードバック因子として，長期的な気候を制御してきた。したがって，一次的な温暖化要因ではないものの，他の温暖化要因の変化に素早く反応し，その効果を増幅する重要な気候変動因子と考える必要がある。

5.1.6 エアロゾル (大気粉塵) の影響

エアロゾル (大気粉塵またはエーロゾル，2.2.4 参照) は，大気中に浮遊・懸濁する微小な液体または固体粒子であり，より大きな雲粒や雨・雪などは含まない。これらは，海塩粒子や火山ガスに起因する硫酸塩粒子などの自然起源と，工業的な二酸化硫黄，揮発性有機物質，黒色炭素などの排出による人為起源に分類され，いずれも複雑な過程を通じて温暖化に「＋」および「−」の両方の寄与を示す。

その影響はエアロゾルの特性 (粒径，組成，吸湿性，光学特性など) および空間的・時間的な変動によって大きく変化するため，その評価には多くの不確実要素が含まれ，気候変動の予測における大きなネックとなっている。

エアロゾルの影響は，**エアロゾル–放射相互作用**と**エアロゾル–雲相互作用**の 2 つに分類される。

(1) エアロゾル–放射相互作用

おもにエアロゾルが太陽光を散乱しアルベドを上げる効果と，エアロゾル (お

もに黒色炭素) が太陽光を吸収する効果の両方が考えられ, すべてのエアロゾル合計の放射強制力は $-0.45\,[-0.95\sim+0.05]\,\mathrm{W/m^2}$ と見積もられる。

(2) エアロゾル–雲相互作用

エアロゾルが雲の生成とその寿命に与える効果によるもので, 合計の放射強制力は $-0.9\,[-1.9\sim-0.1]\,\mathrm{W/m^2}$ と評価されている。これは, エアロゾルが水蒸気凝結の核となって雲の生成を促進し, これによって同じ水蒸気量から多くの粒径の小さな雲粒が生成されることに起因しており, 次の2つの効果が考えられる。**粒径効果**は, 粒径が小さい雲粒が太陽光を散乱しやすいことから雲のアルベドが増加する効果であり, **寿命効果**は, 小さい雲粒は雨粒に成長するまでに時間が掛かるため, 雲の寿命が延びる効果である。

ただし, 雲の存在自体は, 太陽光に対するアルベドとしての「−」効果と, 地表放射吸収 (温室効果) による「+」効果の両方を示し, そのどちらが大きいかは, 雲が発生する高度や時間によって異なる。一般に, 密度の低い高層雲 (地上2〜7 km) は温室効果が, 密度の高い中・低層雲 (地上2 km 以下) はアルベドの効果が優る。一方, 雲のアルベドによる影響は太陽光の照射強度で変わり, 同じ雲でも夜間や極域の冬 (太陽光が照射しない) ではほとんど「−」効果を生じないなど, 発生する時間, 季節や緯度によっても全く効果が異なる。さらに, 雲の生成は空間的・時間的な変動が大きいこともあり, その影響の見積もりや予想は困難で, 大きな不確実さが含まれる。

いずれにしても, エアロゾルの「−」効果によって温室効果気体の「+」効果 (おもに定常的な温室効果気体の濃度増加によるとみられる) のかなりの部分が相殺されているにもかかわらず, 人為起源の合計放射強制力は工業化以降, ほぼ連続的に増加している。また, 一部の先進国ては環境保護政策に対応した人為起源のエアエロゾル排出量の減少がみられることから, 最終的には世界全体の人為起源エアロゾル排出量は減少し, エアロゾルの「−」効果が抑制されることが温暖化の加速につなかると予測されている。

5.1.7 気候フィードバック

気候変動因子の多くは気温の影響で変化し, 気温を上昇または低下させる応答を示す。これを**気候フィードバック**という。気温変化 (上昇または低下) の影響でさらなる変化を引き起こす場合を「正のフィードバック」, 逆に変化の抑

制を引き起こす場合を「負のフィードバック」とよび，こうした応答の結果として長期にわたり地球の気候が安定化されてきたと考えられるとともに，その理解は今後の気候変動の予測において重要となる。

例えば，① 雪氷のアルベドによる正のフィードバック (気温上昇による陸氷・海氷の融解でアルベドが低下し，気温を上昇させる)，② 水蒸気による正のフィードバック (気温上昇で大気中水蒸気量が増え，温室効果が増加し気温を上昇させる)，③ 炭素循環による正のフィードバック (気温上昇で**メタンハイドレート**や**永久凍土**の融解が促進され，CH_4 の放出が進み気温を上昇させる，など)，④ 炭素循環による負のフィードバック (気温上昇により岩石の風化が促進され，水圏の pH および炭酸水素イオン量増加により CO_2 吸収率が増加する，大気中 CO_2 増加により光合成が促進され植生や土壌中バイオマスが増加して CO_2 吸収率が増加する，など)，⑤ 雲による正のフィードバック (気温上昇で上層雲が増え温室効果が増加する。また中・下層雲の減少と極域へ移動でアルベドが低下する) などがあげられ，これらの複合的な相関が長期的に気候を安定化してきたと考えられる。しかし，いずれも多くの要因による複雑な相互作用の結果であり，またそれぞれ大きく異なるスケールの応答時間をもつことなどから，その気候への影響の評価は困難で，大きな不確実さを伴う。

5.2 気候変動の予測

こうした中で，地球の気候が今後どのように変わるかを予測し，これに応じた抑制対策をとることが求められている。将来的な気温の予測は，今後の放射強制力の変化についての予測 (シナリオ) と，過去のデータから求められる放射強制力 $1\,W/m^2$ あたりの気温変化 (**気候感度**) に基づいた**シミュレーション**によって行われる。

将来的な放射強制力変化は，今後の社会のあり方 (経済・環境政策，エネルギー利用状況，国際協力体制の程度など) によって大きく変わるため，将来の社会モデルについて予測した**温室効果ガス排出シナリオ**を用いて計算される。

IPCC 第 6 次報告書 (2021 年) では，社会経済予想のいくつかについて予想される今世紀末の放射強制力の値に基づいた**共有社会経済経路 (SSP) シナリオ**が用いられ，これらは "SPP-x,y (x は基調となる社会経済傾向を示す番号，y は 2100 年での放射強制力の値)" と表記される。これらはさらに，今世紀半ばまでの温室効果ガスの排出パターンによっても場合分けされており，より直近の対策の目標を例示したものとなっている。

気候感度は，過去の放射強制力および地表気温変化についての推定・測定値から求められるもので，一般に大気中 CO_2 濃度が 2 倍になった際に平衡に達した地表気温の変化を示す CO_2 倍増平衡気候感度が用いられる。計算に用いる気候モデルや気候フィードバックの扱いの違いにより種々の値が提案されており，現状 (第 6 次報告書) では +2〜+4.5°C (最良の見積り約 +3°C) と見積もられる。

5.2.1 気候シミュレーション

気候シミュレーションは，大気-海洋間のエネルギーおよび物質の収支を表す数式 (**大気–海洋結合大循環モデル (AOGCM)**) に，気候感度および必要な条件を入力して，各シナリオについて数値計算することで行われる (なお，AOGCM は 1969 年に真鍋 (S. Manabe)[†] が初めて発表したもので，以後これをプロトタイプとして開発された種々のモデルが用いられている)。全球を 3 次元のメッシュに分割し，あるメッシュについてある時刻での気候 (おもに温度) を計算して，その影響を考慮して隣接したメッシュを計算する。これを全メッシュについて行うことで地球全体のある時点の気候を求め，さらにこれを必要な時間分 (100 年間など) 繰り返す。そのため，スーパーコンピュータによる膨大な計算を必要とする。

計算能力の進歩により年々計算精度は向上しており，現在では，シミュレーションにより過去 100 年の気温変化を求める "20 世紀の気候再現実験" において，人為的な放射強制力の変化を考慮することで南極を除く 6 大陸および全球の平均気温変化が，実測値とよく一致するようになった。その一方，自然起源の放射強制力変化だけでは実測値と合わないことから，IPCC では「人間の影響が大気，海洋及び陸域を温暖化させてきたことには疑う余地がない」(第 6 次報告書) と結論している。

ただし，現在の計算能力でも，雲の発生など地域差のある現象を十分に扱えるほどメッシュを細かくすることはできていない。また，気候システム自体もまだ十分に解明されているとは言えず，予測の精度を上げるためには，計算精度だけでなく本質的な気候メカニズムの理解の向上が必要である。

[†] 2021 年ノーベル物理学賞を受賞した。

5.2.2 予測される将来の気候

図 5.6 に，シミュレーションにより予測された各シナリオ (SPP1-1.9～SPP5-8.5) における 21 世紀末 (2100 年) の全球平均地上気温を示す．工業化以前 (1850～1900 年) と比べた 2081～2100 年の世界平均気温は，温室効果ガス排出が非常に少ないシナリオ (SSP1-1.9) では 1.0～1.8°C，中程度のシナリオ (SSP2-4.5) では 2.1～3.5°C，排出が非常に多いシナリオ (SSP5-8.5) では 3.3～5.7°C 高くなる可能性が非常に高いとみられる．気温は，すべての排出シナリオにおいて少なくとも今世紀半ばまでは上昇を続け，向こう数十年の間に CO_2 およびその他の温室効果ガスの排出が大幅に減少しない限り，21 世紀中に 1.5°C および 2°C の地球温暖化を超えると予想される．こうした温暖化の進行は，永久凍土の融解ならびに季節的な積雪，陸氷および北極域の海氷の減少をさらに拡大すると予測される (確信度高い)．また，これに伴う全球的な気候変動として，以下の 2 つがあげられる．

（1） 海面水位の上昇

温暖化による海面水位上昇のおもな原因は，水温上昇による海水の膨張と，陸氷 (山岳氷河および南極・グリーンランド氷床) の融解による海水量の増加と考えられる．世界平均海面水位が 21 世紀の間，上昇し続けることはほぼ確実で，2100 年までに 1995～2014 年の平均と比べて，温室効果ガス排出が非常に少ないシナリオ (SSP1-1.9) で 0.28～0.55 m，排出が少ないシナリオ (SSP1-2.6) で 0.32～0.62 m，排出が中程度のシナリオ (SSP2-4.5) で 0.44～0.76 m，排出

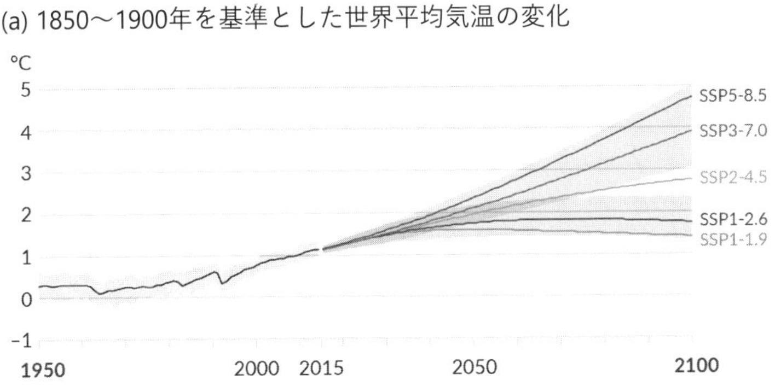

(a) 1850～1900年を基準とした世界平均気温の変化

図 **5.6** **工業化以前を基準とした世界平均気温の変化と 2100 年までの予測**
(出典：IPCC 第 6 次報告書，2021 より引用)

が非常に多いシナリオ (SSP5-8.5) で 0.63〜1.01 m と予想される (確信度中程
度)。また，GHG 排出が非常に多いシナリオ (SSP5-8.5) では，南極西岸の氷
床 (西南極氷床) プロセスのため，2100 年までに 2 m，2150 年までに 5 m に迫
る可能性 (確信度低い) も排除できない (5.3 節)。

（2） 降水量の増加

　温暖化は，地球規模の水循環における種々のプロセスに影響を与える。工業
化以降，陸域の降水量には変動はあるものの増加傾向が観測されており (世界
の陸域降水量基準値 (1991〜2020 年の 30 年平均) からの 2021 年の偏差は，北
半球 +35 mm，南半球 +12 mm，世界平均で +29 mm)，今後も温暖化の進行
に伴ってその傾向が加速することが予想されている。

　世界全体の陸域における 2081〜2100 年までの年平均降水量は，1995〜2014
年と比較して温室効果ガス排出が非常に少ないシナリオ (SSP1-1.9) で 0〜5 %，
排出が中程度のシナリオ (SSP2-4.5) では 1.5〜8 %，排出が非常に多いシナリ
オ (SSP5-8.5) では 1〜13 %増加すると予測される。ただし，降水量の変化に
は地域差がみられ，高緯度帯と太平洋赤道域，モンスーン地域の一部では増加
するのに対し，亜熱帯の一部と熱帯の限定的な地域では，逆に減少する可能性
が非常に高いと予測される。

5.2.3　累積 CO_2 排出量の影響と残余カーボンバジェット

　明確な理論的裏付けはないが，「ある時点の地表付近の気温」と「過去からそ
の時点までの**累積 CO_2 排出量**」との間には，ほぼ線形の相関がみられる (図
5.7)。このことから，将来の気温がその時点の大気中 CO_2 濃度だけではなく，
累積排出量によっても決まる可能性は否定できない。これに基づけば，昇温を
ある温度に抑えるために今後排出できる CO_2 量が決まることになり，これを
残余カーボンバジェットとよぶ。

　予測される残余カーボンバジェットはシナリオによって異なるが，1850〜
2019 年までの昇温 +1.07°C に対する累積 CO_2 排出量は 2390 Gt (ギガトン
$= 10^{12}$ kg) と見積もられていることから，83 %の可能性で昇温を +1.5°C お
よび +2.0°C に抑えるために許される 2020 年以降の CO_2 排出量は，それぞれ
約 300 Gt および約 900 Gt (それぞれ ±220 Gt の幅をもつ) と推定される。

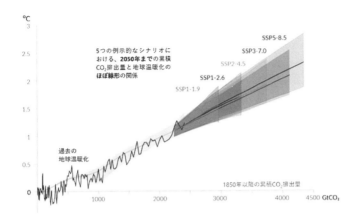

図 5.7　工業化以降の世界平均気温変化と累積 CO_2 排出量との相関と，予測される残余カーボンバジェット
(出典：IPCC 第 6 次報告書，2021 より引用)

5.3　気候変動の影響と対策

　IPCC 第 6 次報告書では，「気候変動の悪影響は既に全ての大陸と海洋にわたり，短期的には生態系及び人間に対して複数のリスクをもたらす」としており，気候変動のおもな影響として，極端な高温，海洋熱波，大雨，およびいくつかの地域における干ばつの頻度と強度の増加，強い熱帯低気圧の割合の増加，ならびに北極域の海氷・積雪および永久凍土の縮小，海水の酸性化 (3.4 節) などがあげられている。また，それぞれについて「10 年に一度」などの**極端現象**の増加と，複数の気候リスクおよび非気候リスクが相互に作用する結果，連鎖的なリスクが生じる可能性も指摘されており，「温暖化を 1.5°C 付近に抑えることで気候変動に関連する損失と損害を大幅に低減させることはできても，それら全てを無くすることはできない」と述べている。

　したがって，気温上昇を抑える，すなわち温暖化の「緩和」は必要ではあるが，それだけで気候変動とそのリスクに対処することはすでに不可能であり，これと平行して社会や生態系のあり方を変えてリスクを低減する対症療法的な「適応」を実施することが不可欠である。国際的な気候変動対策の取り組みも，当初は，「京都議定書」に代表されるように「緩和」を中心としたものであったが，現在は「パリ協定」にみられるように「**緩和と適応**」に基づいており，温室効果ガス排出などの温暖化要因を削減する一方，適応でリスクに対処する方

向での検討が進められている。

5.3.1 気候変動リスクの分類

効果的な対策のためには，リスクの特徴に応じて緩和と適応を使い分ける必要がある。気候変動のリスクとしては，生態系の変化，感染症増加や免疫の低下などの健康影響，農業生産，沿岸ならびに水利用への悪影響など，多くの異なる事象が考えられるが，パリー (M. L. Parry, 2005 年) らによれば，これらのリスクはその性格から大きく 2 つ (Type I および II) に分類される。

健康，農業および沿岸影響など，変化が連続的かつ緩やかで予測しやすく，時間的にも対処可能である「連続的事象」は，Type I に分類される。これらについては，許容できる気温の線引きがしにくい。また，農業影響などには地域差もあるうえ，+2°C 程度までは地球全体での生産量は増加するなど，温度上昇を目処にした一律の対策は難しい。そこで，被害対策と予防策を併用した適応で対処することが効果的と考えられる。

一方，Type II は「突発的・破局的・不可逆的事象」で，急激で大きな損害を伴う全球的変化であるうえ，復帰に世紀単位の時間が必要な，事実上不可逆な変化にあたる。これらについては，危険にならないレベルに温暖化を抑える「緩和」によって，予防的に対処する必要がある。現在考えられている Type II の事象としては，以下の 2 つがあげられる。

（1） 西南極氷床の崩壊

南極西岸の氷床は，陸氷が自重で押し出される氷河の流れによって海に張り出し，海中に突出した巨大な棚氷を形成している。これは南極氷床の約 11 ％を占め，その厚さは海洋側で数十〜250 m 程度，氷床側の接地線部分で数百〜2000 m 程度に達する。棚氷は氷河の押し出しを抑えるとともに，暖かい海水が氷床に直接接触することを妨げ，氷床の変化を抑える働きをもつ (図 5.8)。

現在，温暖化によって融解による接地線の後退・氷床量の減少が認められており，これがさらに進むと氷床が不安定化して大規模な崩壊を引き起こすことが危惧されている。その場合，氷河の融解の加速および巨大氷塊の着水などによって，平均海面水位が短期間に数 m 以上のレベルで上昇する恐れがある。

最近の研究 (図 5.8) では，過去に温暖化傾向にあった約 5000 年前に同様の崩壊が起き，これが平均海面水位に 3〜5 m の上昇がみられた時期と一致することが示されている。今世紀中にこのような崩壊が起きる確率は低いが，その

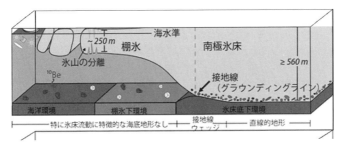

図 5.8 南極氷床と棚氷，およびその変化の概念図
宇宙線によって大気高層で生じて降下する ^{10}Be は，棚氷によって直下の海底への移動が妨げられる。そのため，これを測定することで過去の棚氷の位置や崩壊の時期などが推定できる (東京大学 横山祐典教授)。
(出典：東京大学大気海洋研究所，https://www.aori.u-tokyo.ac.jp/research/news/2016/20160216.html#f1，図2をもとに加筆)

確率は +2°C 以上の温暖化や，急速な温暖化の進行によって急増すると推定されている。

（2） 熱塩循環の停止

海洋には，海水の水温と塩分による密度差によって駆動される3次元の全球的な循環が存在する。これは**熱塩循環 (海洋大循環)** とよばれ，1000 年単位の時間スケールをもつ。表層海水は極域での冷却と凍結による塩濃度増加で密度が上昇して沈み込み，深層流となって赤道を越えて移動した後，徐々に密度が低下して北太平洋およびインド洋付近で再び表層流となる (図5.9)。

温暖化による水温上昇と氷床融解により，海水の密度・塩濃度が低下すると極域での沈み込みが弱まり，沿岸気候への影響が大きい暖流の供給が減って急激に寒冷化する恐れがあり，もし北大西洋への暖流が完全に停まると，ヨーロッパは −5〜−7°C と氷河期同等の寒冷化に見舞われるものとみられる。IPCC では，「現在は北大西洋での深層循環に変化はみられないが，これが21世紀を通じて弱まる可能性は非常に高く，また21世紀中に突然停止する可能性は非常に低いが，大規模な温暖化が持続すれば将来的にその可能性は否定できない」としている。

以上のように，現在の気候変動対策には「緩和と適応」の効果的な併用が不

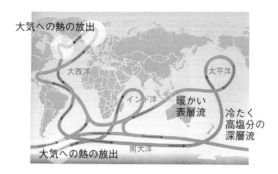

図 5.9　熱塩循環
(出典：気象庁, https://www.data.jma.go.jp/gmd/kaiyou/db/
mar_env/knowledge/deep/deep.html#)

可欠である。トータルの気候変動リスクも概ね +2°C 付近以上で増大すること
が予想されることから，温暖化が少なくとも +2°C を超えないよう緩和で予防
的に対処しつつ，そこまでに生じるリスクにはおもに適応で対処する方向で進
められている。

　ただし，適応には本質的な限界があるうえ，地域による不平等を生む恐れも
ある。また，現状の適応策の多くは短期的なリスクの低減を優先しており，こ
れが逆に変革的な適応の機会を減らしている，などの問題点も指摘されている。

5.3.2　気候変動枠組条約と京都議定書

　気候変動に対する国際的な取り組みを定めたものとして，**気候変動枠組条
約**がある。これは，危険を及ぼさない範囲への温室効果ガス濃度の安定化を目
的とし，温暖化をもたらすと考えられる種々の影響を防止するための枠組みとし
て，1994 年に発効された。これに基づき，毎年開催される**締結国会議**（**COP**：
Conference of parties）によって，政策的な対応方針が協議されている。

　京都議定書は，気候変動に対する最初の具体的な取り組みとして，1997 年に
京都で開催された第 3 回締結国会議（COP3）において採択された。京都議定書
では，先進国により多くの温暖化に対する責任がある（「共通だが差異のある責
任」）として新興国（当時 CO_2 排出量 2 位であった中国，3 位であったインドを
含む）には削減義務を設けない一方，先進国には EU −8 ％，アメリカ −7 ％，
日本 −6 ％，ロシア 0 ％など，1990 年を基準年とした法的拘束力のある数値目
標が定められた。

　また，新興国の持続可能な発展を支援しつつ世界全体での削減を柔軟に進めるため，**京都メカニズム**が導入された。これは，先進国間での共同削減事業について投資国へ排出量を移転する**共同実施**，新興国への削減技術支援を削減量に換算する**クリーン開発メカニズム (CDM)**，および削減量に余裕のある国から排出権を買うことができる**排出権取引**などからなる。加えて，保有森林などの吸収源を削減量に換算する**既存森林の削減量換算**も定められた。

　京都議定書は，アメリカが最終的に批准を拒否 (2001 年) するなど順調には進まなかったが，それまで態度を保留していたロシアの批准により 2008〜2012 年を第一約束期間として 2005 年に発効した。第一約束期間では，加盟 23 か国中 11 か国が京都メカニズムなどの補完なしで，またこれらを考慮するとすべての国が削減目標を達成した (日本は既存森林の削減量換算および京都メカニズムを含めて −8.4 ％を達成)。

　ただし，削減義務のあった国の CO_2 排出量は世界全体の約 23 ％ (2011 年) で，目標達成によってもそのうちの約 5 ％程度が削減されたにすぎない一方，新興国として削減義務のなかった中国およびインドは基準年比 +200 ％以上，批准しなかったアメリカも +9 ％と，国別排出量で上位にあたる国に大幅な排出増加がみられ，実際的な削減にはつながらなかった。しかし，初めて温室効果ガスの排出量を国別管理し，削減するためのしくみを作ったという点で，京都議定書の意義は大きい。

5.3.3 パ リ 協 定

　第一約束期間以後の 2013 年以降については，2005 年から協議が始められた。新興国にも削減を求める先進国側と，先進国側の責任を主張する新興国側との対立や，具体的な削減目標をめぐる意見の不一致などから調整は困難を極めたが，COP21 (2015 年，フランス・パリ) において，世界 196 の国と地域が削減を約束する**パリ協定**が締結された。

　パリ協定では，2050〜2100 年の間に温室効果ガス排出量を森林・土壌・海洋が吸収できる量にまで減らし，今世紀後半には排出源と吸収源の均衡を達成する，気温上昇を 2°C より「かなり低く」抑える取り組みを推進する，途上国の気候変動対策に先進国が支援する，などが盛り込まれたが，各国の削減目標には法的拘束力は設けられていない。

　以後，具体的な実施指針および各国の削減目標の合意を目指して協議が続けられているが，COP26 (2021 年) において，温度上昇の目標値が +1.5°C に厳

格化された一方,この時点での各国目標値を達成できたとしても +2°C 以上の温暖化は避けられないとみられることから,2030 年に向けて目標値の見直しを含め,より野心的な緩和策と適応策が求められている。

章末問題 5

5.1 一層大気モデルを用いて,次の各条件における地表温度 T_g を計算せよ。ただし,太陽定数は $1370\,\mathrm{W/m^2}$,シュテファン–ボルツマン定数 $\sigma = 5.67 \times 10^{-8}\,\mathrm{W/(m^2\,K^4)}$,大気の太陽放射吸収率 α は 30 %とする。

    (1)　温室効果ガスの変化により大気の地表放射吸収率 β が 100 %となった場合（アルベド A は 30 %のままとする）

    (2)　アルベド A が 33 %となった場合（地表放射吸収率 β は 94 %のままとする）

5.2 近年の CO_2 増加率は,平均約 $2.0\,\mathrm{ppmV/}$年と見積もられる。大気中への炭素の年間残留量（単位は GtC/年）を求めよ。ただし,地球大気の全体積を $4.02 \times 10^{21}\,\mathrm{L}$ とする。

5.3 温暖化によって水没が危惧される地域がある一方,寒冷な気候のためにこれまで不可能であった農業生産が,温暖化によって可能となる地域がある。このような現実を踏まえ,温暖化に対してどのような対策をとるべきか考察せよ。

5.4 オゾン層破壊対策が一定の効果を上げているのに対し,気候変動対策が上手く進んでいないのはなぜか。両者の問題の性格の違いから考察せよ。

5.5 積極的な気候変動対策として期待される「CO_2 貯留技術」について調べよ。

6 エネルギー資源と持続可能性

6.1 エネルギー消費と環境負荷

　私たち人類が生きていくためには，エネルギーが必要である。食料の生産にも，住宅の冷暖房にも，車や電車による移動にもエネルギーがいる。私たち人類は，より豊かな食生活を求め，より快適な居住環境を求め，また，より高速な移動手段を求めて，次第に膨大なエネルギーを消費するようになった。その膨大なエネルギーを得るための営みが，様々な形で環境に負荷をかけ，豊かな地球環境の存続を危うくしている。エネルギーを得るための環境負荷をできるだけ小さくし，長期にわたる人類の生存を可能にすることは，現代の人類に課された大きな課題である。

6.2 世界と日本のエネルギー消費

6.2.1 一次エネルギーと二次エネルギー

　エネルギーには，生産から消費までの流れのどの局面でみるかによって，**一次エネルギーと二次エネルギー**の2つがある (図6.1)。一次エネルギーとは，天然ガスや石油，石炭などの**化石燃料**や，原子力，水力，風力など，自然から直接得られるエネルギーのことである。二次エネルギーとは，都市ガスや電気，ガソリンなど，一次エネルギーを変換・加工して，消費者が直接利用できる形にしたもののことである。

6.2.2 日本のエネルギー需給の推移

　日本のエネルギー消費は，経済の高度成長に伴って，1960年代以降急速に拡大した。それまでは，国内で産出する石炭がエネルギー供給の中心を担っていたが，国産石炭が価格競争力を失い，それに代わって中東から輸入される安価な石油が，エネルギー供給の中心を占めるようになった。1973年度には，石油が一次エネルギー国内供給の75.5％を占めるに至った (図6.2)。しかし，第四次中東戦争 (1973年) を契機とする原油価格の高騰と石油供給断絶の不安 (第一次オイルショック) によって，石油依存度を下げる必要性が生じ，石

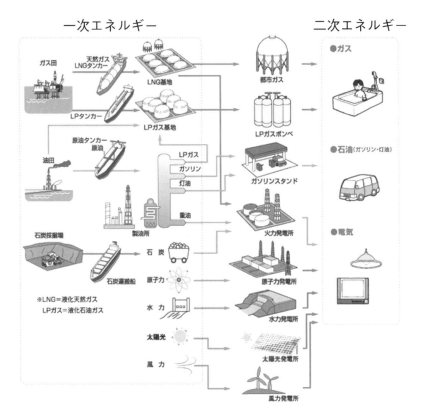

図 6.1　エネルギーの生産から消費まで
(出典：東京ガス，https://www.tokyogas.co.jp/network/kids/
genzai/g4_1.html)

油に代わるエネルギーとして，原子力，天然ガス，石炭などの導入が推進され
た。この動きは，イラン革命を契機とする第二次オイルショック (1979 年) に
よって加速された。その結果，一次エネルギー国内供給に占める石油の割合は，
2010 年度には 40.3％大幅に低下し，石炭 (22.7％)，天然ガス (18.2％)，原子
力 (11.2％) の割合が増加して，エネルギー源が多様化した。
　ところが，2011 年に発生した東日本大震災後の原子力発電所の停止により，
再び化石燃料の割合が増加し，特に天然ガスの割合が大幅に増えた。また，こ
の間，太陽光発電を中心とする再生可能エネルギーの導入も進んだ。

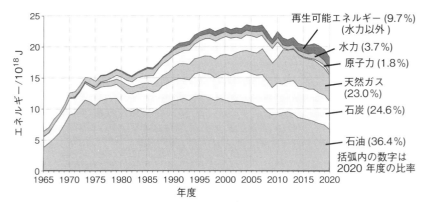

図 6.2 日本の一次エネルギー構成の推移
(出典：資源エネルギー庁 > 令和 3 年度エネルギーに関する年次報告
(エネルギー白書 2022) HTML 版，https://www.enecho.meti.go.
jp/about/whitepaper/2022/html/2-1-1.html をもとに作成)

6.2.3 エネルギー構成の国際比較

一次エネルギー消費に占める各エネルギーの割合は，国によって大きく異な
る (図 6.3)。中国やインドでは石炭が，ロシアでは天然ガスが多く使われてい
るのは，これらの国ではその産出量が多いからである。また，水資源の豊富な
カナダやブラジルでは，水力発電の比率が大きい。特徴的なエネルギー政策を
とっている国としては，フランスがあげられる。フランスでは，国の政策とし
て，原子力をエネルギー源の主力に据え，39 ％を原子力に依存している。一
方，イギリスやドイツは原子力を削減し，風力発電を中心とする再生可能エネ
ルギーの比率を高めようとし，その成果が現れている。アメリカは，最近，火
力発電のエネルギー源を，石炭から国内で生産が急拡大しているシェールガス
へとシフトし，天然ガスの比率が高まっている。

エネルギー資源の価格や流通量は，国際情勢の影響を大きく受けるため，一
次エネルギー構成も国際情勢によって変化する可能性が大きい。2022 年には，
ロシアのウクライナへの侵攻とそれに対する西側諸国の経済制裁によって，ロ
シア産の天然ガスの供給に不安が生じ，各国がエネルギー政策の見直しを迫ら
れた。

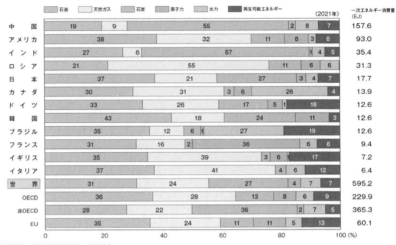

図 **6.3** 世界各国の一次エネルギー構成の比較
(出典：日本原子力文化財団 >「原子力・エネルギー」図面集，https://www.ene100.jp/zumen/1-1-8)

6.2.4 電 源 構 成

日本のエネルギー消費量全体に占める電力の割合は，約45％に及ぶ。その電力を生産するためには，石炭，石油，天然ガス，原子力，水力，風力など，様々な一次エネルギーが用いられており，その比率を**電源構成**という。電力の生産には様々な一次エネルギーが利用できることから，そのバランスを示す電源構成は，国全体のエネルギー政策において重要な意味をもつ。

図6.4には，日本の電力供給量の経年変化とともに，電源構成の推移が示されている。電源構成に大きな変化をもたらしたのは，2011年の東日本大震災であった。震災による福島第一原子力発電所の事故を契機に，すべての原子力発電所が運転を停止し，その後も，ごく一部の原子力発電所しか運転を再開していない。その穴を埋めたのは，石炭と天然ガス (LNG) を燃料とする火力発電である。それとともに，太陽光発電を中心とする再生可能エネルギーによる発電も次第に拡大している。

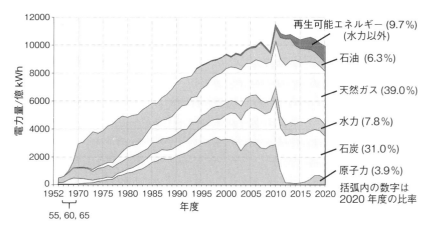

図 **6.4** 日本の発電電力量の推移
(出典：資源エネルギー庁 > 令和 3 年度エネルギーに関する年次報告
(エネルギー白書 2022) HTML 版，https://www.enecho.meti.go.
jp/about/whitepaper/2022/html/2-1-4.html をもとに改変)

6.3 化石燃料

6.3.1 化石燃料利用の歴史

　人類の歴史のうち，ほとんどの期間において，人類は熱源にも光源にもバイオマス (木材，薪炭，動植物油など) を使ってきた。動力源としては，製粉などに利用された水力や風力の例を除いて，人力と家畜の力が頼りであった。

　イギリスでは，17 世紀から森林資源が枯渇し，**石炭**が燃料として使い始められたが，18 世紀初頭にニューコメンやワットが改良した蒸気機関が，水力や風力の代わりに動力源として普及することによって，一気に石炭が燃料の主役に躍り出た。また，19 世紀初頭にはイギリスで，石炭をコークス炉とよばれる炉に投入し高温で乾留して作られる**石炭ガス**を使ったガス灯が発明され，世界中に普及した。

　一方，アメリカでは，鯨油に代わる灯油の原料を求めて，1859 年にドレークがペンシルベニア州で**石油**を掘削し，商業化に成功した。この石油が，内燃機関の発明 (1886 年ドイツのベンツによるガソリンエンジンの発明，1892 年ドイツのディーゼルによるディーゼルエンジンの発明) によって，一躍燃料の主役となり，その消費量は 1970 年代まで増加の一途をたどった。

　石炭ガスは，家庭用の暖房，調理，給湯や産業用の動力源にも使われたが，

石炭から石油への転換とともに，プロパン，ブタンを主成分とする**石油ガス**に置き換えられた。石油ガスは，常温で圧力をかけると液化し，ボンベに詰めて **LPG** (Liquefied Petroleum Gas，通称 プロパンガス) として市販されている。

　一方，メタンを主成分とする**天然ガス**の利用には，長距離輸送の方法がネックとなっていたが，アメリカでは第二次世界大戦前から，ヨーロッパとロシアでは大戦後から，パイプラインによる長距離輸送が可能となり，大規模な利用が始まった。今日では，ヨーロッパには，北は北海，シベリアから南はアルジェリアまで，広範なパイプライン網が張り巡らされている。また，1970 年代には，低温技術の発達により天然ガスを低温で液化し，コンテナ船で海上輸送できるようになり，生産地から遠く離れた日本でも大量の輸入が可能になった。液化した天然ガスを **LNG** (Liquefied Natural Gas) という。発熱量が高くエネルギー効率のよい天然ガスは，環境負荷の小さい燃料として，石炭，石油に代わって使われるようになり，需要が拡大している。

6.3.2　化石燃料の起源

　海洋や湖沼のプランクトンや藻類の死骸は，海底や湖底に堆積してバクテリアによる分解作用を受け，変質して腐食物質 (**ケロジェン**) に変化する。ケロジェンが泥岩に取り込まれ，地盤の沈降とともに地中深く埋没し，高圧と地熱の作用によって化学変化して石油になったというのが，石油の起源についての定説である。ここで生成した炭化水素には，メタン，エタン，プロパン，ブタンなどの低沸点の炭化水素も含まれ，それらは液相の上部にガス層として分離していたり，石油を地上に組み上げた後に，大気圧下で分離して気化したりする。これが石油ガスとして利用される。

　一方，石油は，地球深部のマントル内で，二酸化炭素，黒煙，$MgCO_3$，$CaCO_3$ などの無機化合物を炭素源として生成されたとする無機起源説を主張する研究者もいる。

　石炭は，数百万年以上前のシダ類が地中に埋没し，分解されずに残ったリグニンを主成分とする泥炭が生成し，さらにそれが地熱によって乾留 (蒸し焼き) されて生成したものであると言われている。

　天然ガスは，石油と同じ起源と考えられるが，天然ガスの約 80 ％は石油とは別に，ほとんどメタンのみを産出するガス田から得られるので，地中で炭化水素の熱分解が進んだ場合に天然ガスとなるものと考えられている。

石炭，石油，天然ガスなどは，いずれも生物の化石由来の燃料という意味で，**化石燃料**と総称されている。化石燃料の生成には，莫大な年月がかかっており，一旦これを消費すれば容易には再生できない。したがって，化石燃料は非再生可能なエネルギー資源である。

6.3.3 化石燃料の埋蔵量と可採年数

一般に**埋蔵量**といった場合，**確認可採埋蔵量**をさす。確認可採埋蔵量とは，現時点の技術と経済条件のもとで今後採掘可能な資源の量であり，① 既発見で，② 回収可能であり，③ 経済性があり (市場価格が採掘コストより高く，事業として成り立ち)，④ まだ採掘されずに残存している，という 4 つの条件を満たすものの量である (図 6.5)。

そして，確認可採埋蔵量によって，その資源を今後何年間にわたって供給できるかが決まる。これを**可採年数**という。

$$可採年数 = 確認可採埋蔵量 \div その年の生産量$$

確認可採埋蔵量と可採年数は，回収技術の革新や経済条件の変化によって変動する。回収困難であった資源が技術革新によって回収可能になれば，確認可採埋蔵量は増えるし，市場価格が高騰して回収コストの高い資源にも経済性が生まれれば，確認可採埋蔵量は増える (図 6.6)。

例えば，今から 50 年前の 1970 年代には，石油 (原油) の可採年数は 30 年と言われていた。しかし，石油はいまだに枯渇することなく供給され続け，現在，原油の可採年数は 53.5 年と逆に増えている。次の 6.3.4 で述べるシェール革命も，技術革新による確認可採埋蔵量の増加の典型的な例である (表 6.1)。

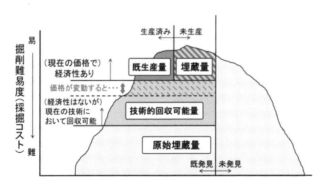

図 **6.5** 確認可採埋蔵量の概念

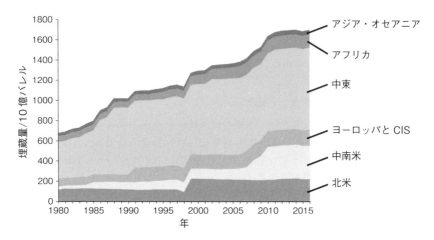

図 **6.6** 原油の確認可採埋蔵量の年次推移 (単位：10 億バレル)
(出典：J-P. Rodrigue *et al.*, The Geography of Transport Systems, Hofstra University, Department of Global Studies & Geography, 2020, https://transportgeography.org をもとに作成)

表 **6.1** 化石燃料の確認可採埋蔵量と可採年数 (2020 年現在)

	石炭 (億 t)	原油 (億バレル)	天然ガス (兆 m^3)
確認可採埋蔵量	10741	17324	188
年間生産量	75.2	324	3.85
可採年数 (年)	142	53.5	48.8
地域別確認可採埋蔵量の割合 (%)			
アジア・オセアニア	42.7	2.6	8.8
中東	1.5	48.3	40.3
アフリカ		7.2	6.9
旧ソ連諸国	17.5	8.4	31.8
ヨーロッパ	13.0	0.8	
アメリカ	25.2	32.7	12.3

(出典：資源エネルギー庁 > 令和 3 年度エネルギーに関する年次報告 (エネルギー白書 2022) HTML 版. https://www.enecho.meti.go.jp/about/whitepaper/2022/html/2-2-2.html をもとに作成)

6.3.4　シェールガスとシェールオイル

　剥離しやすい層状の頁岩でできた地層をシェール層という。シェール層の岩石の隙間には，石油や天然ガスが入り込んでいることがあり，比較的浅いところには石油が，深いところには天然ガスが見つかっている。シェール層の石油を**シェールオイル**，天然ガスを**シェールガス**という。

　従来，シェールオイルやシェールガスを回収するのは困難で，経済性がないと考えられていたが，アメリカにおいて，地下 2000 メートルより深くに存在するシェール層の開発が進められ，2006 年からは本格的な生産が開始された。シェールガスの生産が本格化するに従い，アメリカの天然ガス輸入量は減少し，国内価格も大幅に低下した。また，2009 年からは，シェールオイルも大幅に増産され，原油輸入量も減少した。これが，いわゆる**シェール革命**で，世界のエネルギー事情や国際政治に大きなインパクトを与えた。今日では，アメリカは原油と天然ガスの輸出国になっている。

　シェール革命を可能にしたのは，シェール層からの石油や天然ガスの回収技術の革新である。

6.3.5　メタンハイドレート

　メタン，エタン，二酸化炭素などの気体と水が低温高圧下で作る固体結晶を，ガスハイドレートという。メタンを主成分とするものを，**メタンハイドレート**とよぶ。$1\,m^3$ のメタンハイドレートが分解すると，$160\,m^3$ のメタンが発生する。

　四国の南の海底の南海トラフ (海底の窪地) や日本海の海底には，メタンハイドレートがあることがわかっている。一時は，これが利用できれば日本も資源大国になれるのではないかと期待されたが，日本近海のメタンハイドレートをすべて集めても，現在，日本で 1 年に使われている天然ガスの数倍から 10 倍ほどしかないことがわかった。

　世界各地でもメタンハイドレートが見つかっており，その総埋蔵量は数千兆立方メートルで，天然ガス確認埋蔵量の 10 倍に及ぶという見積もりもあるが，その見積もりにはまだ不確定な要素が多い。また，資源としての利用可能性についてもまだ見通しは立っていない。

6.3.6 化石燃料と環境
（1） 採掘に伴う環境汚染

海底油田のプラットフォームからの原油流出は，海洋の環境に甚大な被害をもたらす (5 章)。頻度の多い事故ではないとしても，原状回復に時間がかかる点で，問題が大きい。

石炭の採掘の現場でも，特にオーストラリアなどの大型機械を用いて露天掘りするような採掘場で，一帯の表土がすべて剥がされて植生が大きく破壊され，野生生物の生息地が失われるという被害が問題になっている。また，残渣を雨水が洗うことによって，河川が酸性化したり，有害物質が溶け出したりして，水質汚染も引き起こされる。

（2） 酸性雨

燃料を高温で燃焼すると窒素酸化物が発生し，また燃料中に硫黄や硫黄化合物が含まれていると，硫黄酸化物が発生する (2 章)。これらは大気中で酸化され，硝酸や硫酸となって酸性雨の原因になる。窒素酸化物の発生量は燃焼温度のみに依存し，燃料の種類にはよらないが，硫黄酸化物の発生量は，原料に含まれる硫黄成分の量に依存する。石油の場合は，原料からあらかじめ硫黄成分を取り除くことができるので，現在では，硫黄酸化物の排出は大きな問題ではない。しかし，固体である石炭の場合，原料から硫黄成分を取り除くことが難しいため，他の化石燃料より硫黄酸化物の発生量が多い。石炭の場合は，浮遊粒子状物質の発生量も多い。日本では，集塵装置と排煙脱硫装置の普及によって，大気中の SPM と SO_2 の濃度はすでに大幅に低下しているが，中国やアジア各国では，装置の普及はこれからの課題である。

（3） 地球温暖化への影響

二酸化炭素は，地球温暖化のおもな原因であると考えられている (4 章)。燃料を燃焼すれば，当然，二酸化炭素が発生するが，単位発熱量あたりの二酸化炭素発生量は燃料の種類によって異なる。各燃料の主成分を，石炭は黒鉛 (グラファイト)，石油はオクタン，天然ガスはメタンと考え，これらの完全燃焼の熱化学方程式を書いてみる。

$$C(s)(グラファイト) + O_2(g) \longrightarrow CO_2(g), \qquad \Delta H^\circ = -394\,\mathrm{kJ/mol}$$

表 6.2　燃料による発熱量と二酸化炭素発生量の比較

燃料	おもな成分	モル質量 /g mol^{-1}	燃焼熱 /kJ mol^{-1}	燃料 1 mol あたりの CO_2 発生量 /g-CO_2 mol^{-1}	燃料 1 g あたりの発熱量 /kJ g^{-1}	燃料 1 g あたりの CO_2 発生量 /g-CO_2 g^{-1}	発熱量 1 kJ あたりの CO_2 発生量 /g-CO_2 kJ^{-1}
石炭	C（グラファイト）	12	394	44	9.0	3.67	0.112
石油	オクタン	114	5471	352	15.5	3.09	0.064
天然ガス	メタン	16	890	44	20.2	2.75	0.049

$$C_8H_{18}(l) \ + \ \frac{25}{2}\,O_2(g) \ \longrightarrow \ 8\,CO_2(g) \ + \ 9\,H_2O(l),$$

$$\Delta H° = -5471\,kJ/mol$$

$$CH_4(g) \ + \ 2\,O_2(g) \ \longrightarrow \ CO_2(g) \ + \ 2\,H_2O(l), \quad \Delta H° = -890\,kJ/mol$$

ここで，$\Delta H°$ は，反応に伴うエンタルピー変化で，負の値は発熱であることを示す。これらの式をもとに，二酸化炭素発生量を計算してみると，表6.2のようになる。パリ協定によって国ごとの二酸化炭素発生量の削減が求められている現状では，二酸化炭素発生量のなるべく少ない燃料を選択する必要があり，燃料の種類の選択に関して，国際的な圧力が働いている。特に，発電における石炭の使用に関しては，風当たりが強い。例えば，機関投資家や銀行が，石炭を使用する火力発電所事業への投資や融資を取りやめるという動きが広がっている。

6.3.7　エネルギー変換効率

さて，ここで1つ，クイズを出そう。

> 天然ガスを使ってガスコンロで湯を沸かすのと，天然ガスを燃料とする火力発電所で作られた電気を使って IH クッキングヒーターで湯を沸かすのとでは，どちらが二酸化炭素の排出量が多いだろうか。

天然ガスのような一次エネルギーは，ガスコンロで湯を沸かすときのように，ほぼそのままの形で使うこともあるが，多くの場合，形態の異なる他のエネルギーに変換して使う。IH クッキングヒーターで湯を沸かすときは，エネルギーは，天然ガスの化学エネルギー → 熱エネルギー → 力学的エネルギー → 電気エネルギー → 熱エネルギーと，何度も形態を変えている。エネルギーの形態

を変えることを**エネルギー変換**という。エネルギー変換に際して，エネルギー
は落ちこぼれなく 100％変換されるとは限らず，変換のたびに何％かのロスが
生じる。もとのエネルギーの何％が変換後にエネルギーとして使えるかを**エネ
ルギー変換効率**という。

$$エネルギー変換効率/\% = \frac{目的の形態に変換されたエネルギーの量}{変換前のエネルギー量} \times 100$$

IH クッキングヒーターで湯を沸かす方が，数度のエネルギー変換を経てい
る分だけ，総合的なエネルギー効率が低いはずで，その分，たくさんの天然ガ
スを消費しなければならないはずである。大阪ガスの試算によると，ガスコン
ロを使った方が二酸化炭素排出量の 60％削減になるそうである。表 6.3 に代表
的なエネルギー変換装置のエネルギー変換効率を示す。

表 6.3　代表的なエネルギー変換装置のエネルギー変換効率

エネルギー変換装置	エネルギー変換		代表的な効率 /%
	変換前	変換後	
電熱器	電気	熱	100
ヘアドライヤー	電気	熱	100
発電機	力学	電気	95
大型モーター	電気	力学	90
電池	化学	電気	90
蒸気ボイラー (発電所)	化学	熱	85
ガスストーブ	化学	熱	85
石油ストーブ	化学	熱	65
小型モーター	電気	力学	65
石炭ストーブ	化学	熱	55
蒸気タービン	熱	力学	45
ガスタービン (飛行機)	化学	力学	35
ガスタービン (工場)	化学	力学	30
自動車エンジン	化学	力学	25
蛍光灯	電気	光	20
太陽電池	太陽光	電気	15
蒸気機関車	化学	力学	10
白熱灯	電気	光	5

(出典：L. R. Radovic, Energy and Fuels in Society: Analysis of
Bills & Media Reports 2nd ed., McGraw-Hill, 1997, Chapter4,
https://personal.ems.psu.edu/~radovic/Chapter4.pdf)

表6.3をみると，白熱灯などの照明装置のエネルギー変換効率が低いのもさることながら，蒸気機関や内燃機関 (ガソリンエンジンやディーゼルエンジン) のエネルギー変換効率の低いのが目立つ。蒸気機関や内燃機関は，燃料の燃焼によって発生するエネルギーを動力に変えて仕事をする装置で，**熱機関**の一種である。熱機関とは，熱または熱エネルギーを継続的に仕事に変換する装置と定義される。

■熱機関の効率

熱機関のエネルギー変換効率が何によって決まるか，エンジンの理想的なモデルを使って考えてみよう。エンジンの熱力学的なモデルの1つを**カルノーサイクル**という。カルノーサイクルの原理で実際に働くエンジンがあり，それを発明者の名にちなんで，**スターリングエンジン**という。

スターリングエンジンにおいては，シリンダーの中に空気が入っていて，シリンダー内の空気が膨張することによって外に向かってピストンを押し，仕事をする。エンジンには4つの状態がある (図6.7)。

A: ピストンは中間の位置にあり，シリンダー内の空気は冷めている。

B: ピストンは押し込まれていて，シリンダー内の空気は熱い。

C: ピストンは中間の位置にあり，シリンダー内の空気は熱い。

D: ピストンは伸び切っていて，シリンダー内の空気は冷めている。

A～Dの4つの状態を結ぶ4つの過程の繰り返しで，サイクルは成り立っている。

A → B：ピストンを急激に押し込むと，圧縮によって空気の温度は上昇す

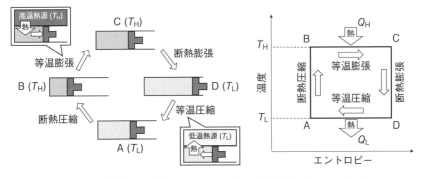

図 **6.7** 理想的な熱機関によるエネルギー変換 (カルノーサイクル)

る。この間，シリンダーの外との熱のやり取りはない (断熱的であるという)。

　B → C : 空気を外から温め，膨張させる。この間，温度を一定に保つために，外から熱量 Q_H が与えられる。

　C → D : さらに空気を急激に膨張させると，膨張によって空気は冷やされ，もとの温度に戻る。この過程も断熱的に行われる。

　D → A : もとの位置までピストンを戻す。空気は圧縮されると温度が上がるので，これを防ぐために外から冷やして，温度を一定に保つ。それによって，熱量 Q_L が失われる。

　このエンジンは熱のやり取りと力学的な仕事しかしていないので，エネルギー保存則 (熱力学第一法則) によって，

$$(外に向かってした仕事) = (外から正味受け取った熱量)$$

である。したがって，外に向かってした仕事を W とすると，

$$W = Q_H - Q_L$$

となる (図 6.8)。このとき，エネルギー変換効率 η は

$$\eta = \frac{目的の形態に変換されたエネルギーの量}{変換前のエネルギー量}$$

$$= \frac{W}{Q_H}$$

$$= \frac{Q_H - Q_L}{Q_H} = 1 - \frac{Q_L}{Q_H}$$

ここで，エントロピーという熱力学量を導入すると，$Q_L/Q_H = T_L/T_H$ であることが証明できるので

$$\eta = 1 - \frac{T_L}{T_H} \tag{6.1}$$

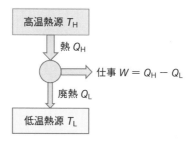

図 6.8　熱機関によるエネルギー変換

となる。カルノーサイクルは，理論的に最もエネルギー変換効率の高い熱機関であることが証明されているので，式 (6.1) が**熱機関の理論最大効率**である。

式 (6.1) をみると，効率が 1 (100 %) に近づくことができないのは，低温熱源の温度の制約のためであることがわかる。サイクルがもとの状態に戻るためには，過程 D → A で空気を圧縮しなければならないが，気体を圧縮すると熱が発生するので，それを防ぐためには，外へ熱を逃がさなければならない。

カルノーサイクルに限らず，どのようなサイクルにおいても，どこかで外に熱を「捨てる」ことをしなければ，サイクルは作動できない。熱を捨てる際には，冷やす側の外気や冷却水の温度によって，捨てることのできる熱量の大きさが決まってしまう。これが，熱機関のエネルギー変換効率が低い原因である。

6.4 原 子 力

6.4.1 原子力発電の歴史

1938 年に，ドイツのハーンとシュトラスマンは，ウランを中性子で照射すると，ウランよりずっと原子量が小さいバリウムが生成することを見いだした。この結果について，かつての共同研究者であり，スウェーデンに亡命していたマイトナーに相談した。マイトナーは，甥のフリッシュと議論して，これが原子核の分裂によるものであるという結論を出した。フリッシュのその後の研究によって，この核分裂によって非常に大きなエネルギーが放出されることが明らかになり，それが原子爆弾の開発につながることになる。第二次世界大戦において，1945 年，アメリカによって広島と長崎に原子爆弾が投下された。

戦後，1954 年，ソビエト連邦 (当時) のモスクワ郊外オブニンスクにあるオブニンスク原子力発電所が，実用としては世界初の原子力発電所として発電を開始した。

日本でも，1955 年にアメリカのアイゼンハワー大統領が国連総会で行った原子力平和利用の推進をよびかける演説「Atoms for Peace」がきっかけとなり，第二次世界大戦後に中止されていた原子力の研究が再開された。その後，電力会社などの出資により日本原子力発電が設立され，1963 年，茨城県東海村の実験炉で初めての発電に成功した。

6.4.2 原子核の安定性と核分裂

原子核は陽子と中性子からできている。原子核は非常に小さいので，狭い空間に陽子と中性子が密集している。陽子は正電荷をもっているので，クーロン

力によって反発し合う。したがって，このクーロン反発を上回る強い引力が存在しないと，原子核は安定に保たれない。この引力 (核力とよばれる) の根源として湯川秀樹博士によって提唱され，のちに存在が実証されたのが，**中間子** (π中間子) である。湯川博士は，この業績によって日本人として最初のノーベル賞 (物理学賞) を受賞した。

陽子や中性子はπ中間子のキャッチボールをすることによって，互いに引き合う。しかし，陽子だけでは反発力に打ち勝つことができないので，原子核には反発力の働かない中性子も含まれることが必須で，実際，小さい核 (原子量の小さい元素の原子核) には，陽子と中性子がほぼ同数含まれている。大きな核になると，陽子の数より多い中性子が存在しないと安定にならない (図 6.9)。原子核に含まれる陽子と中性子は，それぞれ偶数個存在する場合の方が奇数個の場合より安定である。また，陽子と中性子の数には核力の性質によって決まる安定な数があり，それらは魔法数とよばれている。

非常に大きな原子核は，たとえ十分に多くの中性子を含んでいても不安定で，^{56}Fe を境に原子核の安定性は低下する。不安定な原子核は，分解して小さな原

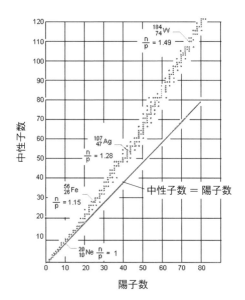

図 **6.9** 安定な原子核における陽子と中性子の数
(出典：Purdue University, https://chemed.chem.purdue.edu/
genchem/topicreview/bp/ch23/modes.php)

子核になると，より安定になることもありうる。

不安定な原子核で観察される現象の1つに**放射性壊変**がある。放射線を出しながら，他の原子核に変わる核反応である。放射線を出しながら違う物質に変化する物質を**放射性物質**という。代表的な放射性壊変に **α 壊変**と **β 壊変**がある。α 壊変は α 線 (ヘリウム原子核の粒子線) を放出して原子核が小さくなる反応である。一方，陽子と中性子の数のバランスが悪いとその数を整えようとする方向に壊変が起こる。それが β 壊変である。β 壊変には2種類あり，1つは中性子が過剰で不安定な原子核において，中性子を陽子に変える壊変で，電荷を保存するため電子を放出する。これを β^- 壊変とよぶ。もう1つは原子核内の陽子を中性子に変える壊変で，正電荷をもつ陽電子 (反電子) を放出する。これを β^+ 壊変とよぶ。次に，これらの典型的な例を示す (ν_e と $\bar{\nu}_e$ は，それぞれ電子ニュートリノ，反電子ニュートリノという素粒子)。

$$ {}^{238}_{92}\text{U} \longrightarrow {}^{234}_{90}\text{Th} + {}^{4}_{2}\text{He} $$

$$ {}^{14}_{6}\text{C} \longrightarrow {}^{14}_{7}\text{N} + e^- + \bar{\nu}_e $$

$$ {}^{11}_{6}\text{C} \longrightarrow {}^{11}_{5}\text{B} + e^+ + \nu_e $$

ハーンとシュトラスマンによって発見された核分裂は，大きな原子核が高エネルギーの中性子と衝突した際に2つに分裂する現象で，最初ウラン 235 (^{235}U) について見いだされた。

中性子が原子核に衝突したとき，原子核から中性子が放出されてもとに戻る場合もあるが (散乱)，中性子がその原子核に吸収されたり (捕獲)，2つの核に分裂する場合 (**核分裂**) もある。核分裂によってどのような原子核が生成するかは決まっておらず，生成する核の種類は確率的に分布している。図 6.10 をみると，ほぼ同じ大きさの核2つに分裂する場合はむしろ稀で，少し大きめの核と小さめの核に分裂する場合が多いことがわかる。この核分裂反応を一般式で表すと次のようになる。

$$ {}^{235}_{92}\text{U} + {}^{1}_{0}\text{n} \longrightarrow X + Y + (2 \sim 3){}^{1}_{0}\text{n} $$

この核分裂において重要な現象の1つは，分裂に伴って，必ず2から3個の中性子が放出されることである。放出された中性子が ^{235}U の原子核と衝突すると，再び核分裂が引き起こされる。放出される中性子の数は平均 2.5 個なので，1つの核分裂が2つ以上の核分裂を誘発することになり，連鎖による反応の急速な拡大が起こる (図 6.11)。

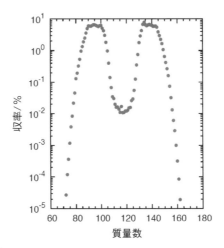

図 6.10 ^{235}U の熱中性子による核分裂で生成する核分裂生成物の収率
(出典：原子力百科事典 ATOMICA > 核分裂生成物の収率，https:
//atomica.jaea.go.jp/data/fig/fig_pict_03-06-01-03-08.html)

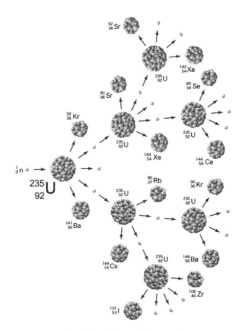

図 6.11 核分裂の連鎖の例

爆弾として使う場合は急速な反応の連鎖が望ましいが，原子力発電の場合は，連鎖を抑制し，一定の速度で反応が継続することが望ましい。そのため，分裂によって発生する中性子を減速させたり吸収したりして，反応の拡大を抑えることが必要になる。原子爆弾では ^{235}U の割合が 100% に近いものを使用するが，原子力発電では燃料中の ^{235}U の割合が 3〜5% と低いものを使用する。残りの 95〜97% は ^{238}U で，^{238}U が核分裂で発生した中性子を吸収し，反応の急拡大を抑える。原子力発電では，さらに中性子を吸収する減速剤や制御棒を用いて，反応速度を制御する。日本では，減速剤として水 (H_2O，軽水) が用いられている。水は発生する熱を奪う冷却材としての役割も果たす。

天然のウランには ^{235}U が 0.7% 程度含まれており，^{238}U が残りの 99.3% を占める。天然ウランのままでは核分裂の連鎖反応を達成することができないので，^{235}U の割合を高めたものを燃料として用いる。^{235}U の割合を高めることを**濃縮**とよび，^{235}U の割合を高めた燃料を濃縮ウランとよぶ。

核分裂においては，分裂に伴って膨大なエネルギーが放出される。^{235}U の原子核 1 個の分裂に際して，平均 200 MeV のエネルギーが放出される。1 mol あたりに換算すると 2.0×10^{10} kJ であり，1 g あたりでは 8.5×10^7 kJ に相当する。これを化石燃料の 1 つであるメタンの燃焼熱 (890 kJ/mol, 56 kJ/g) と比べてみれば，いかに大きいか，よくわかるであろう。このことによって，核分裂は，爆弾のエネルギー源としてばかりでなく，日常のエネルギー源としても大きく注目されることになり，**原子力発電**の技術が開発された。

6.4.3 原子力発電のしくみ

原子力発電のしくみは，熱を使って蒸気を発生し，蒸気でタービンを回して発電するという点は，火力発電と共通している。熱源として何を使うかが異なるだけである。ただ，核燃料棒の被覆に使われているジルコニウムが比較的高温に弱いため，火力発電ほどの高温で蒸気を発生することができず，熱効率は低くなる (火力発電が約 50% であるのに対し，30% 程度である)。

燃料棒からの熱によって水蒸気の発生する圧力容器は，放射性物質の拡散を防ぐための格納容器に収容されている (図 6.12)。

6.4.4 放射能の人体への影響

原子力発電における技術的課題の 1 つとして，放射性物質の管理がある。核燃料は放射性物質であり，発電の際には大量の放射線が放出され，また，使用

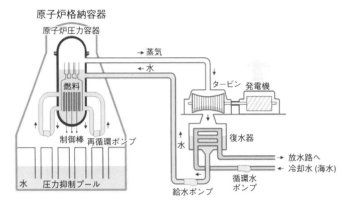

(a)　沸騰水型原子炉 (BWR)

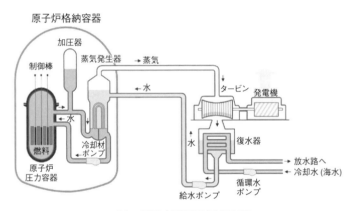

(b)　加圧水型原子炉 (PWR)

図 **6.12**　**原子炉の構造**
(出典：日本原子力文化財団 >「原子力・エネルギー」図面集, https://
www.ene100.jp/zumen/5-1-2 をもとに作成)

済みの核燃料にも放射性物質が大量に含まれているので，発電にかかわる人や
発電所の周辺住民などが放射線を浴びて (**被曝**して) 健康を損ねることがないよ
うに細心の注意を払わなければならない。
　ある一定の線量 (「しきい値，閾値」という) 以上の高い線量の放射線を浴びる
と，多数の細胞が死ぬことによって組織や臓器の機能が損なわれ，不妊，脱毛，
紅斑，白血球減少などの症状が現れる。これを**確定的影響**という (図 6.13)。

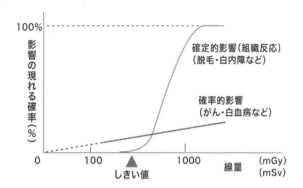

図 **6.13**　放射線の線量と人体への影響の関係
(出典：日本原子力文化財団 >「原子力・エネルギー」図面集，https://
www.ene100.jp/zumen)

　一方，低い線量の放射線を被曝したときは，その場では特に症状は現れない
が，長い時間が経ってから発がんに至ることがある。これは，放射線によって
細胞核の中の DNA が損傷を受けて遺伝子が傷つき，遺伝子の傷が完全に修復
されないまま生き続けた細胞が，ある確率でがんになるもので，**確率的影響**と
よばれる (図 6.13)。
　がんには，喫煙や食生活など日常生活に由来する要因も多数あると考えら
れており，また，日常生活の中で知らず知らずのうちに被曝する機会も多い
(図 6.14)。実際，日本人の死因の約 30 ％ががんであり，少なくとも 30 ％の人
が発がんしていることになる。低線量の放射線を通常より多く被曝した人は，
30 ％より少し多い確率でがんになる可能性があるが，あくまでも可能性であ
り，実際その確率がどの程度 30 ％より多いのか，定量的に調べることも難し
い。しかし，被曝量に比例して発がんの確率は高くなると考えられており，被
曝量はなるべく少なくすることが望ましいと言われている。
　なお，放射線量の単位について，表 6.4 にまとめる。
　外部からの放射線の被曝は，放射線源から離れたり放射線源を遠ざけたりす
ることによって防ぐことができるが，放射性物質を体内に取り込んでしまうと，
一定期間，継続的に放射線を浴びることになってしまう。体内に取り込んだ放
射性物質によって被曝することを，**内部被曝**という。内部被曝による影響の大
きい放射性物質としては，骨に取り込まれる ^{90}Sr (ストロンチウム，半減期 29
年) や甲状腺に取り込まれる ^{131}I (ヨウ素，半減期 8 日) がある。チェルノブイ

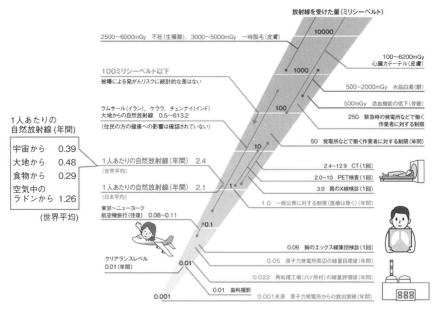

図 6.14　日常生活で被曝する放射線
(出典：日本原子力文化財団 >「原子力・エネルギー」図面集, https://
www.ene100.jp/zumen)

表 **6.4**　放射線の線量の単位

種類	単位	定義
線量	ベクレル (Bq)	ある物体に含まれる放射性同位元素が 1 秒間に壊れる数
吸収線量	グレイ (Gy)	ある物質によって吸収された放射線のエネルギー。1 Gy は物質 1 kg あたりに 1 J のエネルギーが吸収されることを意味する
等価線量	シーベルト (Sv)	放射線の照射による人体への影響を表す。吸収線量に放射線加重係数を掛け合わせた値で示す
実効線量	シーベルト (Sv)	放射線の人体に対する総合的な影響を表す。組織ごとの等価線量に加重係数を掛けて，全身について足し合わせたもの

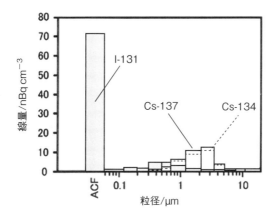

図 6.15　福島第一原子力発電所の事故に際して放出された放射性物質
ACF は活性炭繊維フィルターに吸着されたガスの放射能量
(出典：国立環境研究所，http://nsec.jaea.go.jp/ers/environment/
envs/FukushimaWS/taikikakusan1.pdf)

リ原子力発電所の事故 (1986 年) では，^{131}I が拡散し，周辺地域で子供の甲状
腺がんが多発したと言われている。

　図 6.15 は，福島第一原子力発電所の事故 (2011 年) の際に飛散した放射性物
質の形状とその量を示している。^{131}I はおもに気体として，^{134}Cs と ^{137}Cs は
固体の微粒子として飛散した。セシウムを含むチリは風に乗って運ばれ，関東
地方の一部にまで達した。このチリが積もることによって線量が高くなった地
域では，表土を取り除く作業 (除染) が行われた。

6.4.5　放射能の減衰

　放射性物質から放出される放射線は，時間が経つにつれて弱まる性質があり，
これを**減衰**という。放射線量は指数関数的に減衰する。その際，放射線量が最
初の半分に減るまでにかかる時間を**半減期 (物理学的半減期)** といい，減衰の速
さを表す指標として用いられる。半減期の 2 倍の時間が経過すると，放射線量
は 1/4 になり，半減期の 3 倍の時間が経つと，1/8 になる。

$$放射線量 = 最初の放射線量 \times \left(\frac{1}{2} \right)^{\frac{経過時間}{半減期}}$$

　一方，体内に入り込んだ放射性物質は，代謝作用によって体外に排出される。

表 **6.5** 代表的な放射性同位体の半減期

核種	放射線の種類	物理学的半減期	生物学的半減期	実効半減期	蓄積される組織・臓器
^{3}H	β	12.3 年	10 日	10 日	全身
^{90}Sr	β	29 年	50 年	18 年	骨
^{131}I	β, γ	8 日	80 日	7 日	甲状腺
^{134}Cs	β, γ	2.1 年	70〜100 日	64〜88 日	全身
^{137}Cs	β, γ	30 年	70〜100 日	70〜99 日	全身
^{239}Pu	α, γ	24,000 年	20 年	20 年	肝臓, 骨

(出典：環境省, https://www.env.go.jp/chemi/rhm/h29kisoshiryo/
h29kiso-02-02-04.html をもとに作成)

この排出の半減期を**生物学的半減期**という。表 6.5 に代表的な放射性同位体の
半減期を示す。

6.4.6 使用済み核燃料の再処理と放射性廃棄物の最終処分

　原子力発電所からの廃棄物は，放射性物質を大量に含んでいたり，放射性物
質で汚染されていたりするため，安全に廃棄するためには特別な処理が必要で
ある。放射性廃棄物は，放射線を遮る容器に入れ，さらに漏出する線量を少な
くし，生活圏から遠ざけるために，地中に埋設する (図 6.16)。

　特に，原子炉で発電に使用した後の使用済み核燃料には，残存するウランだ
けでなく核反応によって生成するプルトニウムも含まれていて，放射線量が非
常に多い。そこで，この中からウランやプルトニウムを取り出して，再び原子
炉での発電に使用できる燃料を作る**再処理**が行われる。再処理によって作られ
る燃料を MOX 燃料とよぶ (MOX は混合酸化物 Mixed OXide の頭文字)。再
処理には，ウラン資源の有効利用という目的とともに，高レベル放射性廃棄物
の量を減らすという目的もある。使用済み核燃料の 9 割以上が再利用でき，廃
棄物の体積は，専用の容器に入れた状態で比較しても，そのまま廃棄する場合
の 1/4 以下になる。

　かつては，茨城県東海村の日本原子力研究開発機構の再処理施設で再処理が
行われてきた (1981〜2007 年) が，この施設は，老朽化や福島第一原子力発電
所の事故後に導入された新しい規制基準への対応に費用がかさむことから廃止
となり，代わりに青森県六ヶ所村に新しい再処理施設が建設されることになっ
たが，完成目標時期が繰り返し延期され，2023 年 3 月現在，まだ完成の目処が

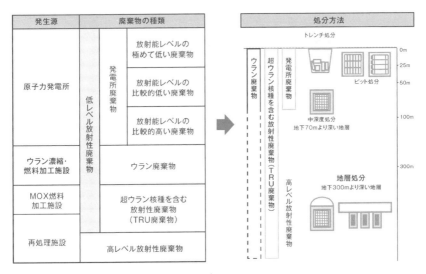

図 6.16　放射性廃棄物の種類と処分方法
(出典：日本原子力文化財団 >「原子力・エネルギー」図面集，https://
www.ene100.jp/zumen)

立っていない。この施設が稼働開始するまでの間は，フランスとイギリスの施設に処理を委託している。

　使用済み核燃料を再処理して，燃料としてリサイクルするシステムの構想を図6.17に示す。図の上半分の軽水炉燃料サイクルがMOX燃料を再び原子炉で燃料とするシステムである。このシステムについては，六ヶ所村の再処理施設の稼働に目処が立った一方で，MOX燃料を使うことができる原子炉が不足していて，フル稼働で再処理を進めることができず，未処理の使用済み燃料が積み上がってしまう恐れが生じている。

　一方，もう1つの燃料リサイクルの計画として，高速増殖炉を使用するシステム (図の下半分) がある。これは，MOX燃料を燃やすことで，^{238}U を核燃料として使える ^{239}Pu に変え，核燃料を循環させるという計画である。福井県敦賀市に発電所が建設され，1991年に発電を開始したが，トラブルが多発し，2016年に廃炉が決まった。その後，このサイクルについては，存続の目処が立っていない。

　再処理の過程で，使用済燃料からウランやプルトニウムを分離した後に残る廃液は，ガラスの原料と混ぜ合わせて高温で溶かし，ステンレス製の容器の

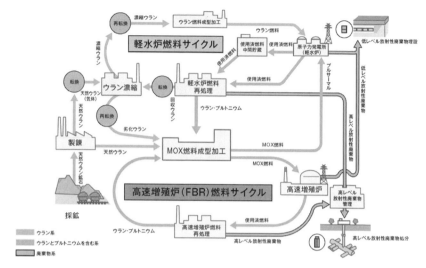

図 6.17　核燃料サイクル
(出典：日本原子力文化財団＞「原子力・エネルギー」図面集，https://
www.ene100.jp/zumen)

中で固められる。これを**ガラス固化体**という。このガラス固化体が，高レベル
放射性廃棄物に相当する。ガラス固化体の放射能は時間とともに減衰するが，
^{239}Pu の半減期は 24,000 年なので，少なくともウラン鉱石の放射能レベルに
達するまでにも数万年が必要である。このような長期にわたり人間の生活環境
から確実に隔離する方法として，**地層処分**が多くの国で採用されている。

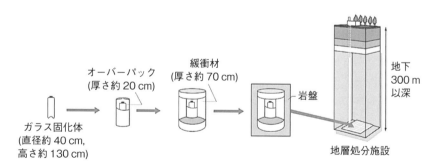

図 6.18　高レベル放射性廃棄物の地層処分
(出典：日本原子力文化財団＞「原子力・エネルギー」図面集，https://
www.ene100.jp/zumen)

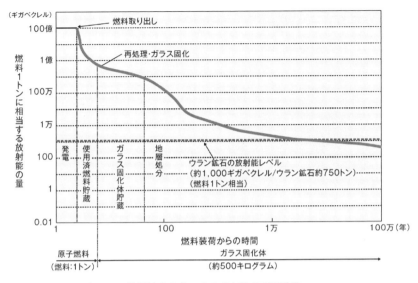

図 **6.19** 高レベル放射性廃棄物からの放射能の経時変化
(出典：日本原子力文化財団＞「原子力・エネルギー」図面集，https://
www.ene100.jp/zumen)

　地層処分は，地下300 m 以上の安定した岩盤の中に埋める方法である。ガラ
ス固化体を金属製の容器（オーバーパック）に入れ，その周囲を粘土を主成分と
する緩衝材で覆い，さらにその外側を岩盤が守るという形で，多重のバリアに
よって放射性物質を数万年以上の長期間にわたって人間の生活環境から安全に
隔離しようとするものである（図6.18，図6.19）しかし，諸外国でも，すでに
地層処分が始まっているのは，スウェーデンとフィンランドの2か国だけであ
る。日本でも現在，原子力発電環境整備機構の手によって，高レベル放射性廃
棄物の最終処分場の選定作業が始まっているが，まだ先は見通せない。

6.4.7　原子力発電の今後
　原子炉の寿命は，40年，あるいは延長できても最長60年と決定されてお
り[†]，現在稼働中の原子炉や再稼働予定の原子炉は，今後20～30年のうちには

　[†]　2022年末に政府は，震災後の新たな安全規制の導入や行政・裁判所の命令などの
理由で停止していた期間は運転期間から除外することによって，実質60年超の稼働を
認めることを決定した。

158   6. エネルギー資源と持続可能性

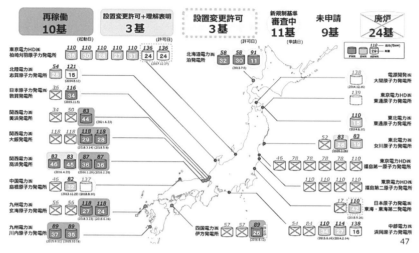

図 **6.20**　日本の原子力発電所の稼働状況 (2021 年 8 月現在)
(出典：日本原子力文化財団 >「原子力・エネルギー」図面集, https://
www.ene100.jp/zumen, 2022 年 11 月 11 日閲覧)

すべて廃炉になる (図 6.20)。新たな原子力発電所を建設しない限り，30〜40
年後には国内の原子力発電所は皆無になる。

　放射性廃棄物の管理は非常に高いリスクを伴うので，原子力発電を継続する
ことは，環境保全に対して非常に大きなリスクを背負うことにつながる。しか
し一方で，原子力発電の問題は地球温暖化の防止やエネルギー資源の安定的な
確保などの問題にも深くかかわっており，これらの問題も合わせて総合的に判
断し，ある程度のリスクは受け入れるということも必要かもしれない。

　いずれにしても，今後の原子力政策については，早期に国民的な議論が行わ
れることが期待される。

6.5　再生可能エネルギー
6.5.1　再生可能エネルギーの利用
　再生可能エネルギーとは，自然界に常に存在して枯渇する心配がなく，地球
温暖化ガスを増やさないエネルギーのことである。具体的には，太陽光，風力，
水力，地熱，太陽熱などが含まれる。また，動植物に由来する有機物であるバ
イオマス燃料も，植物が太陽光のエネルギーを利用した光合成によって二酸化
炭素と水から合成されたものがもとになっており，燃焼によって再び二酸化炭

素と水に戻ることから，再生可能エネルギーの1つに含まれる。

　これらのエネルギーの利用方法としては，熱の利用と発電への利用があるが，少なくとも現状では，発電への利用が主力である。図6.21には，日本の年間発電量に占める再生可能エネルギーの割合の経年変化を示す。この図から，今から10年前には水力以外の再生可能エネルギーはほとんど利用されていなかったが，その利用はこの10年で急速に進み，その増加を担っているのは**太陽光発電**であることがわかる。

　太陽光発電の導入推進を加速したのは，2009年に始まった余剰電力買取制度である。この制度は，家庭や事業所などの太陽光発電の余剰電力を一定の価格で買い取ることを電気事業者に義務付けるもので，その買取価格の一部は電気料金に上乗せされ，すべての電気利用者に公平に負担させるしくみである。この制度は2012年から**固定価格買取制度**（**FIT**）に引き継がれた。この制度では，太陽光，風力，水力，地熱，バイオマスのいずれかを使い，国が定める要件を満たす設備で発電された電力が買取りの対象となり，その費用は，すべての電気利用者の電気料金に再エネ賦課金として加算されている。この制度は，再生可能エネルギーを利用する発電設備の導入のインセンティブになるととも

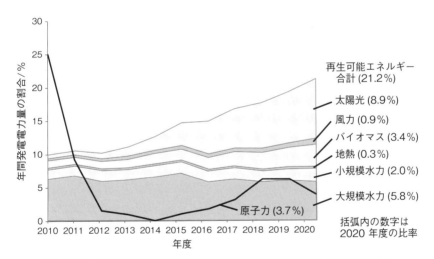

図 6.21　日本の年間発電量に占める再生可能エネルギーと原子力の割合の経年変化
（出典：環境エネルギー政策研究所，https://www.isep.or.jp/archives/library/13427 をもとに作成）

に，再生可能エネルギーの高いコストを補填して競争力を高める効果をもたらしている。

6.5.2　太陽光発電

　太陽光発電は，住宅や施設の屋根や壁など，未利用のスペースに設置できるため，固定価格買取制度 (FIT) の後押しもあって (6.5.1 参照)，小規模の発電設備の導入が急拡大した。一方，山の斜面への大規模なソーラーパネルの設置が土砂の崩落を招くという事例が増加し，太陽光発電の選択は環境保護ではなく環境破壊につながるという意見が多く聞かれるようになった。このような事態に対する反省から，農地に支柱を立てて上部空間に太陽光発電設備を設置し，太陽光を農業生産と発電とで共有するシステムなど，環境破壊につながらない新しい大規模太陽光発電の試みも始まっている。

　ソーラーパネルの寿命は，20〜30 年と言われている。FIT が開始された初期に設置されたソーラーパネルが 2040 年頃に寿命を迎えるが，それ以降，廃棄されるソーラーパネルが急増し，ピーク時には年間排出量が産業廃棄物の最終処分量の 6 ％に及ぶとも言われている。新たな環境問題となっている。

6.5.3　風 力 発 電

　風力発電は，再生可能エネルギーを利用した発電の中で，大きな割合を占める。例えば，イギリスでは，年々増大してきた再生可能エネルギーによる発電量が，2019 年に初めて化石燃料による発電量を上回ったが，そのうちの約半分が風力発電によるものである。近年，特にヨーロッパでは，風力発電のコストが急速に低下し，その事業拡大が続いている。図 6.22 に示すように，日本を除く他の国々では，風力発電が再生可能エネルギーによる発電量の約半分を占めている。これに対し，日本でも，風力発電の発電量は年々増加しているものの，発電量全体の中では微々たるものである。日本で風力発電が進んでいないのは，決して日本の地形や気候の条件が風力発電に向かないからではなく，ポテンシャルは非常に高いと言われている。

　海外での風力発電の主力は，洋上風力発電である。陸上の風力発電には，風車の回転に伴う低周波音や機械音による騒音や，景観の破壊などの問題点があるが，海上ではこれらの問題が回避され，しかもより発電効率のよい大型の風車を設置することができる。従来，日本にはヨーロッパのような遠浅の海岸が少ないので洋上風力発電は難しいと言われていたが，洋上に浮かんだ構造物を

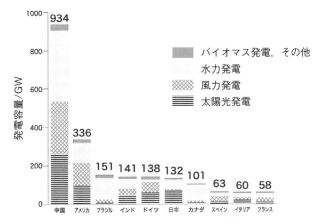

図 **6.22** 各国の再生エネルギーによる発電容量の比較
(出典：資源エネルギー庁 > 日本のエネルギー 2021 年度版，https://
www.enecho.meti.go.jp/about/pamphlet/energy2021/007/
#section1)

利用する**浮体式洋上風力発電**の技術が進歩したため，海底の地形による障害は
少なくなった。2022 年現在，日本国内で稼働している洋上風力発電は，国によ
る実証事業の約 2 万 kW だけであるが，環境アセスメントの手続きを進めてい
る新規事業の発電量の総計が約 540 万 kW に達しており，今後急速に拡大する
ものと思われる。

6.5.4 その他の再生可能エネルギーによる発電

水力発電は，明治期から行われている発電方法で，一定量の電力を安定的に
供給できるベースロード電源として重要な役割を果たしてきたが，近年，再生
可能エネルギーとして再び注目されている。太陽光や風力など他の再生可能エ
ネルギーが気象条件に左右されるのに比べて，水力発電には，短周期の気象変
化に左右されずに安定して発電ができることや，発電量の調整が容易であるこ
となどの利点があり，それに加えて，電力を蓄える役割を果たすこともできる
という特徴がある。発電量に余裕があるときに，揚水ポンプを使って水をダム
に持ち上げておき，電力需要の多いときにそのダムの水を使って発電するとい
う**揚水発電**は，電力需給の調整役として利用される。

　河川の流水ばかりでなく，農業用水や上下水道を利用する小規模な水力発電

も行われている。水力発電も FIT の対象になったことが追い風になり，このところ中小の発電設備が急増している。

地熱の利用も，火山活動が活発な日本では，大きく注目されている。地下から取り出した蒸気で直接タービンを回して発電する場合もあるが，蒸気の温度が低く直接タービンを回すことができない場合は，バイナリー方式が採用される。バイナリー方式では，地下から取り出した蒸気で沸点の低い媒体 (例えばペンタン) を加熱し，この媒体の蒸気でタービンを回して発電する (図 6.23)。再生可能エネルギーとして今後の拡大が期待されるのは，このバイナリー方式であるが，地熱の利用が可能な場所は，国立公園内にあったり，温泉などの観光施設が集中する地域にあったりすることが多く，開発が難しいため利用が進んでいないことが多い。

バイオマス発電も FIT の対象になったことで急増した。バイオマスとは，動植物などの生物によって作り出されるエネルギー資源のうち，石油などの化石燃料を除いたもののことで，バイオマスを燃料とする発電をバイオマス発電という。生物由来の資源は，もともと植物の光合成によって大気中の二酸化炭素を原料として作られたものであり，生物由来の資源を燃料として用いると，燃焼によって二酸化炭素を発生しても大気中の二酸化炭素を増加させることにはならない。この考え方を**カーボンニュートラル**という。

現在，国内のバイオマス発電に用いられている生物資源は，表 6.6 のようになっている。「廃棄物」とあるのは，主としてごみ焼却場での熱を利用した発電である。発電量が最も多いのは「一般木材」であるが，この大部分は海外から輸入した木質チップやパーム油を絞った後のアブラヤシ核殻を燃料とするもので，これらの輸入量は急増している。

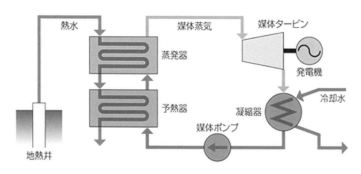

図 **6.23** バイナリー方式による地熱発電のしくみ

表 6.6　固定価格買取制度 (FIT) におけるバイオマス発電新規申請の
稼働・認定状況 (2020 年 9 月末時点)

| | メタン発酵 | 未利用木質 | | 一般木材 | リサイクル木材 | 廃棄物 | 合計 |
		2000 kW 未満	2000 kW 以上				
稼働件数	195	36	43	59	5	108	446
認定件数	241	102	51	179	5	131	709
稼働容量 kW	65,584	25,521	383,637	1,495,868	85,690	382,248	2,438,548
認定容量 kW	97,942	84,964	456,237	7,048,792	85,690	441,438	8,215,063

(出典：NPO 法人 バイオマス産業社会ネットワーク，https://www.npobin.net/
hakusho/2021/topix_01.html#footnote)

　バイオマス発電はカーボンニュートラルで再生可能ということになっている
が，実際には，バイオマス燃料の生産・加工・輸送の課程で化石燃料が使われ
ており，また，加工過程や燃焼の際にメタンや N_2O といった温室効果ガスが
排出されることもあるので，バイオマス発電でも，条件によっては化石燃料以
上に温室効果ガスを排出してしまう場合がある。特に，輸入木質チップやアブ
ラヤシ核殻を燃料とするものについては，トータルの温室効果ガス排出量はか
なり大きい。また，例えば，パーム油を増産するために森林を切り開いてアブ
ラヤシを植えるというようなことが行われていると，森林による二酸化炭素固
定量の減少によって大気中の温室効果ガスを増加させることになってしまう。
実際，このようなことが起きている可能性も否定できない。バイオマス発電に
使用する生物資源は，発電を行う地域内で利用されていない廃棄物や廃材，残
材に限ることが望ましいと考えられる。

6.5.5　バイオマス燃料
　生物由来のエネルギー資源が，自動車などの輸送機関の燃料として用いられ
る場合がある。これをバイオマス燃料という。アメリカやブラジルなどでは，
トウモロコシやサトウキビから作られたエタノールをガソリンに混入して，ガ

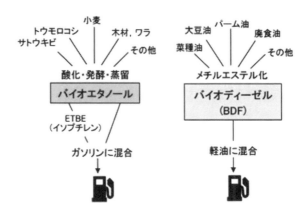

図 6.24　自動車用のバイオマス燃料

ソリン車の燃料として使われている。また，ヨーロッパなどでは，食用油から
作られた脂肪酸のメチルエステルがディーゼル油に混合して使用されている
(図 6.24)。これらの燃料は，単独では既存の内燃機関の燃料として用いること
はできないが，本来の燃料に混入することによって，既存の内燃機関の燃料に
することができる。

　化石燃料の一部をカーボンニュートラルなバイオマス燃料に置き換えること
によって，二酸化炭素排出量が削減できると期待されるが，バイオマス燃料の
使用には，本来食品となるべき作物を原料としているところに問題がある。例
えば，バイオマス燃料の増産によって原料のトウモロコシが不足すると，トウ
モロコシの価格が高騰し，トウモロコシを主食とする国々の人々の飢餓につな
がるということが起きる。また，アブラヤシの場合と同じように，バイオマス
燃料の原料としてサトウキビを増産するために，アマゾンの原生林を切り開い
て畑を作るというようなことも，実際に起きている。

　一方，既存の食料と競合しないバイオマス燃料の原料として，ミドリムシ
(ユーグレナ)を用いる研究開発が注目されており，自動車や航空機の燃料への
活用が試みられている。

6.5.6　水素エネルギーとアンモニア燃料

　化石燃料に代わる燃料として，水素が期待されている。水素を燃やしても水
が生成するだけで，二酸化炭素は発生しないし，環境に負荷を与える物質は何

1つ生成しない[†]。

しかし，自然界から直接水素を採ることができるわけではないので，どのようにして水素を作るかによって，環境負荷の大きさは異なる。「水素エネルギー＝再生可能エネルギー」ではないことに，注意が必要である。

水素は製造方法によって，以下の3つに分けられる。

(1) グリーン水素 再生可能エネルギーや原子力などを使って，二酸化炭素をほとんど発生しないプロセスを使って生成した水素。

(2) ブルー水素 化石燃料を使うが，発生した二酸化炭素を分離回収して地中へ貯留する方法で生成した水素。

(3) グレー水素 化石燃料を使い，発生した二酸化炭素を回収することなく製造された水素。

ブルー水素やグレー水素は，主としてメタンを原料として，次の反応によって合成される。

$$CH_4 + H_2O \longrightarrow CO + 3H_2$$
$$CO + H_2O \longrightarrow CO_2 + H_2$$

この2つの反応は，それぞれ水蒸気改質，水性ガスシフト反応とよばれる。化石燃料を消費し，しかも二酸化炭素を排出する反応である。

グリーン水素の典型的な製造方法は，再生可能エネルギーを用いて発電した電力による水の電気分解である。二酸化炭素排出量の削減を目指すのであれば，当然グリーン水素を使わなければならないが，上述のように，現状ではグリーン水素はほとんど作られていない。水素の製造方法の根本的な変革が必要である。

水素のエネルギー源としての利用法としては，**燃料電池**が一般的で，利用も進んでいる。燃料電池は，水素などの燃料と酸素などの酸化剤のもつ化学エネルギーを，一対の酸化還元反応によって電気に変換する電池である。燃料電池の原理は1800年代に考案されたが，実用化されたのは，NASAによるジェミニ宇宙計画が最初である。民生用に普及するようになったのは，1987年にフッ素系の陽イオン交換樹脂を用いた固体高分子型の燃料電池(図6.25)が開発されてからのことである。この型の燃料電池は，燃料電池車(トヨタのMIRAIな

[†] ただし，燃焼の際に酸素源として空気を使うと，燃焼によって発生する高温のために，窒素と酸素が反応して一酸化窒素が生成する(2.2.3参照)。

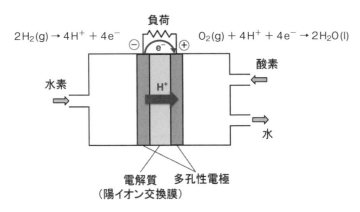

図 **6.25** 燃料電池のしくみ (固体高分子型燃料電池の例)

ど) や住宅用のコジェネレーションシステム (エネファーム) に用いられている。
　燃料電池車では，高圧ボンベに封入した気体の水素が用いられているが，コ
ジェネレーションシステムでは，天然ガスと水の反応によって，その場で合成
された水素 (グレー水素) が用いられている。
　水素と並んで，次世代の燃料として注目されているのは，**アンモニア**である。
アンモニアは，燃料電池の燃料として用いることもできるが，注目されている
のは，発電所などのボイラー用の燃料としての使用である。アンモニアは，水
素と窒素の反応によって生成することができるので，形を変えた水素とみるこ
ともできる。水素は液化が困難であり，また爆発の危険性も伴うので，保存や
輸送に大きなハードルがあるが，アンモニアは容易に液化でき，水素よりはる
かに危険性が少ない。そのため，水素をアンモニアに変換して使おうという考
えが生まれた。現在，火力発電所の燃料としてアンモニアを利用する実証試験
が進められている。この試験では，サウジアラビアで天然ガスから製造された
ブルー水素を用いてアンモニアを製造し，タンカーで日本へ輸送している。
　現在，アンモニアは水素と窒素を高温高圧下で反応させる**ハーバー–ボッシュ
法**によって合成されているが，水と窒素から，水素の製造を経ずにアンモニア
を合成する方法もすでに開発されており，その実用化が期待されている。

6.5.7　再生可能エネルギーの今後
　現在，再生可能エネルギー利用の拡大は，風力発電と太陽光発電を中心に急
速に進んでいるが，この傾向は当面続き，2050 年には，風力発電と太陽光発電

がそれぞれ全世界のエネルギー需給の 15 ％ずつを占めるという予測もある。

その中で，今後の大きな課題となっているのは，天候によって発電量が左右されやすい風力発電や太陽光発電の電力を安定して供給するためのしくみである。その解決策の 1 つは，大規模な**蓄電設備**である。リチウムイオン電池などの二次電池 (蓄電池) を使って電力を一旦貯蔵し，必要に応じて供給するシステムの構築が検討されている。もう 1 つは，**スマートグリッド**とよばれる，地域の複数の発電設備と電力消費者をネットワークで結び，需要と供給を一括して管理できるシステムである。これらのシステムが稼働するようになれば，主力電源の再生可能エネルギーへの移行は，一層加速するであろう。

6.6 日本のエネルギー需給の将来像

いま，世界各国は，パリ協定に提出した温室効果ガス削減目標の達成に向けて，化石燃料使用の削減を進めている。

このような情勢の中で，日本のエネルギー需給の将来像はどうなっているのだろうか。2021 年に閣議決定された第 6 次エネルギー基本計画では，2050 年のカーボンニュートラル達成と 2030 年度の温室効果ガス 46 ％削減の実現に向けたエネルギー政策が示された。基本計画の資料として同時に発表された「2030 年度におけるエネルギー需給の見通し」(図 6.26) によると，2030 年度の温室効果ガス 46 ％削減に向け，徹底した省エネルギーや非化石エネルギーの拡大を進めるとされている。

2030 年度における一次エネルギー供給の内訳としては，図 6.26 に示すように，石油などを 31 ％，再生可能エネルギーを 22〜23 ％，石炭を 19 ％，天然ガスを 18 ％，原子力を 9〜10 ％，水素・アンモニアを 1 ％という割合が目標として示されている。また，電源構成においては，再生可能エネルギーの割合を 36〜38 ％に高めることを目標としつつ，エネルギーの安定供給に配慮して，石炭，天然ガス，原子力をそれぞれ 20 ％程度の割合で維持するという計画が示されている。

このうち，原子力発電については，政府は 2022 年 8 月，既存の原子炉の運転期間の延長，運転停止中の原発の再稼働の促進に加えて，次世代型原子炉の開発と原発の新設を盛り込んだ新たな方針を発表し，原子力への一定の依存度を，将来にわたって維持する方針を鮮明にした。

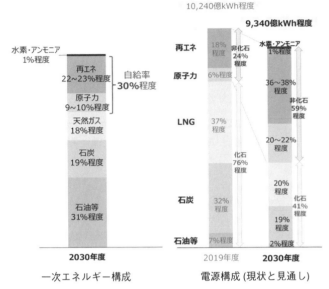

図 **6.26** 日本政府による **2030** 年度におけるエネルギー需給の見通し
(出典:資源エネルギー庁,2030 年度におけるエネルギー需給の
見通し,https://www.enecho.meti.go.jp/category/others/basic_
plan/pdf/20211022_03.pdf)

章末問題 6

6.1 エネルギー資源に関係する次の各記述について,正誤を判定し,間違っている場
合は修正せよ。

(1) 日本の電源構成 (発電に用いる燃料の種類別消費量) では,1 位が天然ガス
    (LNG),2 位が石炭となっている。

(2) 単位発熱量あたりの二酸化炭素発生量は,石油,石炭,天然ガスのうちでは,天
    然ガスが最も多い。

(3) 2011 年の東日本大震災以降の原子力発電停止による電力不足分は,再生可能エ
    ネルギーによる発電が補っている。

(4) 化石燃料の埋蔵量 (可採埋蔵量) は,技術革新や国際価格の変動などによって変
    化するものであり,減り続けるばかりとは限らない。

(5) ガソリン車と燃料電池車 (FCV) では，燃料電池車の方がトータルのエネルギー
     変換効率がよい。

(6) 熱エネルギーを機械的エネルギーに変える熱機関の最大効率は，熱源の温度に
     よって決まっており，これを越えることはできない。

(7) ディーゼルエンジンの方がガソリンエンジンよりエネルギー効率が高いおもな
     理由は，ディーゼルエンジンの方が燃焼温度が高いことである。

(8) ウラン 235 が分裂して生成した原子核が，ウラン 235 の原子核に衝突すると再
     び核分裂が起こり，核分裂が連鎖する。

(9) 原子力発電は，核分裂の際に放出される熱エネルギーを使って高温の水蒸気を
     発生させ，水蒸気の運動エネルギーでタービンを回して発電する発電方法である。

(10) 放射性の核種は，放射線を発することによって異なる核種に変わる (崩壊する)
      が，その半減期は温度によって変化する。

(11) 放射性核種の半減期は，その原子核の化学的な存在状態によって異なる。例え
      ば，ヨウ素 131 の半減期は，ヨウ素単体 (I_2) とヨウ化カリウム (KI) では異なる。

6.2 「エネルギー損失 (%)」を定義してみよう。エネルギー変換効率を定義する式を，
「エネルギー損失 (%)」を使って書き表すとどうなるか。

6.3 エアコンのような，仕事によって低温側から熱エネルギーを取り出し高温側へ加
える装置をヒートポンプという。最も効率のよいヒートポンプは逆カルノーサイクル
とよばれる熱力学サイクルで，カルノーサイクルを逆にたどったものになる。逆カル
ノーサイクルの効率はカルノーサイクルの効率の逆数の形になり，
暖房の場合には

$$\eta = \frac{Q_H}{W} = \frac{T_H}{T_H - T_L}$$

冷房の場合には

$$\eta = \frac{Q_L}{W} = \frac{T_L}{T_H - T_L}$$

となる。

　理想的なエアコンで冷房を行う場合，外気温が 35°C のとき，設定温度を 27°C に
した際の効率は設定温度を 25°C にした際の効率の何倍になるか。

7 ごみとリサイクル

7.1 物質の流れと環境

これまでの章で，私たちの日々の活動に伴って排出された様々な有害物質が，環境の劣化を通して私たち自身の健康を脅かすことをみてきた。しかし，排出するものが有害か無害かにかかわらず，資源を消費して廃棄物を排出すること自体が環境に負荷を与え，地球環境の持続可能性を損なうことになる。

本章では，廃棄物の処分とリサイクルを中心に，資源の採取から製品の生産・使用を経て不要物の廃棄へという物質の流れに注目して，地球環境を維持するためには何が必要かを考えてみたい。

7.2 廃棄物の処理

廃棄物処理法 (廃棄物の処理及び清掃に関する法律，**廃掃法**ともよばれる) によって，廃棄物は，市町村などの地方自治体が処理を行う**一般廃棄物**と，企業などの事業者が処理について責任を負う**産業廃棄物**に分けられている (図 7.1)。なお，2011 年の東日本大震災において，放射性物質によって汚染された大量の

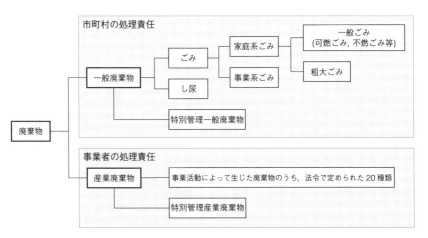

図 7.1 廃棄物の分類

廃棄物が生じたことから，新たに放射性物質汚染対処特措法が制定・施行され，原子力発電所の事故で放出された放射性物質によって汚染された廃棄物は，基本的には原子力事業者と国が責任をもって処理することになった。

　一般廃棄物と産業廃棄物の区別については，基本的には，会社や商店，自治体，学校などの事業者が排出するごみが産業廃棄物，それ以外の一般家庭などから排出されるごみが一般廃棄物であるが，会社に所属する従業員が就業中に個人的に出したごみや，飲食店で客が食べ残した残飯は，たとえ事業所から出るものであっても一般廃棄物 (事業系一般廃棄物) とみなされる。

7.2.1　一般廃棄物の処理

　一般廃棄物については，まず減容 (あるいは減量化，ごみの体積と重量を減らすこと) をおもな目的として，焼却・脱水・破砕・選別などの**中間処理**を行う。この過程で，資源として再利用できるものは，分別回収される。一般廃棄物の収集を行う自治体では，リサイクルされるものはあらかじめ分別して回収する例が多い。リサイクルされるものとしては，紙類，金属，ガラス，PET ボトル，布類のほか，生ごみの堆肥化，飼料化，固形燃料化，焼却灰の溶融スラグ化による建設資材としての利用などの例がある。図 7.2 の例では，リサイクル工場でリサイクルできるものの分別仕分けが行われている。

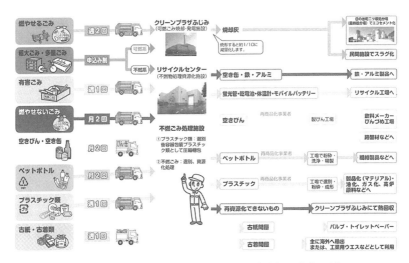

図 7.2　ごみ処理とリサイクルの流れ (東京都三鷹市の例)
(出典：三鷹市リサイクルカレンダー　令和 4 年度版)

　回収されたごみの 70〜80 ％が焼却処分される。図 7.3 に示すように，脱水と焼却の過程で重量が約 70 ％減少するが，これは，水および二酸化炭素としての排出に相当する。毒性の強いダイオキシンの発生を避けるために，焼却は 850°C 以上の高温で行われるので，燃焼温度を高めるために補助燃料が投入される。最近では，焼却の際に発生する熱エネルギーを有効利用するために，発電を行うケースが増加している。

　中間処理を終え，再生資源を回収した後の廃棄物は，**最終処分場**に埋め立てられる。最終処分場に埋め立てられた廃棄物は次第に分解し，重金属や BOD 成分，COD 成分，窒素酸化物，酸・塩基などを含んだ浸出水が生じる。このため，浸出水が外部に漏れ出さないように処分場の下にはゴムシートが敷かれており，浸出水は処理施設に集められて水質試験やモニタリングによってチェックされてから，外部に排出される (このような処分場を管理型処分場という)。

　東京都 23 区の場合，最終処分場は東京湾の海上に設置されていて，廃棄物を埋め立てている。埋め立てが完了して安定化が確認されたのち，埋立地の土地利用が図られる予定である。現在，中央防波堤外側埋立処分場がほぼ満杯となり，その沖合の新海面処分場で埋め立てが進められている。

　東京都 23 区以外では，ごみの収集・処分を行っている各自治体が，最終処分場をもっているが，その多くは内陸部にある。

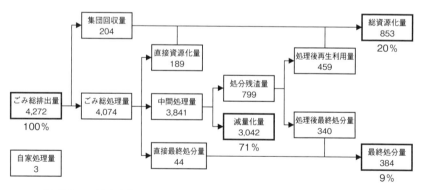

図 7.3　一般廃棄物の流れ (2018 年度のデータに基づく)
(出典：環境省 > 令和 2 年版 環境・循環型社会・生物多様性白書
HTML 版, https://www.env.go.jp/policy/hakusyo/r02/html/
hj20020301.html#n2_3_1_2)

7.2.2 産業廃棄物の処理

　産業廃棄物の排出量は，一般廃棄物の 9 倍あって，そのうち，下水処理場の汚泥 (44.5 %)，畜産業から排出される動物の糞尿 (20.3 %)，建設業からのがれき (15.6 %) で全体の 8 割を占める。産業廃棄物の中間処理の方法は一般廃棄物とほぼ同様であるが，産業廃棄物の場合，持ち込まれる個々の排出物が概ね均質であるため，資源として再生される割合が非常に高いのが特徴である (図 7.4)。

　再利用できないものは最終処分場に埋め立てられるが，産業廃棄物の場合，その種類により最終処分場の形態が異なる。プラスチック，金属，ガラス，コンクリートなど，埋め立て後も分解や腐敗の恐れのないものは，安定型処分場という比較的軽微な設備の処分場に埋め立てられる。腐敗したり汚水が発生したりする可能性のあるものは，一般廃棄物と同じ管理型処分場に埋め立てられる。一方，有害物質を含むものは，遮断型処分場という周囲から完全に隔離された処分場に保管される。

　産業廃棄物の処理においては，最終処分までのすべての過程について，排出事業者が責任をもつことが義務付けられている。排出事業者は，処理を他人に委託する場合でも，運搬業者や処理業者が適正な処理を行っているかどうか，確認する必要がある。そのために，**マニフェスト**の使用が義務付けられている。マニフェストは 7 枚綴の複写式の伝票で，処理が適正に行われた証拠書類が排

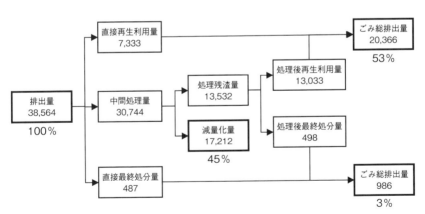

図 7.4　産業廃棄物の流れ (2017 年度のデータに基づく)
(出典：環境省 > 令和 2 年版 環境・循環型社会・生物多様性白書
HTML 版，https://www.env.go.jp/policy/hakusyo/r02/html/
hj20020301.html#n2_3_1_2)

出事業者に戻されるようになっている。現在では，情報ネットワークを介して
マニフェストの情報をやり取りするシステムも運用されている。

7.3　廃棄物をめぐる社会問題

　廃棄物をめぐっては，最近，社会的に大きな議論を巻き起こした問題がいく
つかあった。まず，それらに触れてみたい。

7.3.1　プラスチックによる海洋汚染

　近年，魚類，海鳥，アザラシなどの海洋哺乳動物，ウミガメを含む 700 種も
の海洋に生息する生物が，傷つけられたり死んだりしている状態で見つかって
いる。漁網などが絡まったまま外せなくなっていたり，ポリ袋やプラスチック
の破片をお腹いっぱいに詰め込んでいたりすることが多く，死因の 92 ％がプラ
スチック製の廃棄物であると言われている。

　日本沿岸で回収された漂着ごみは年間 5 万トンにも及び，その中でボトルや
漁網などのプラスチック類が占める割合は個数ベースで 66 ％に及ぶ。世界の
海に存在していると言われるプラスチックごみは，すでに合計 1 億 5000 万ト
ンに達しており，そこへ，毎年少なくとも 800 万トンが新たに流入していると
推定されている。

　プラスチックごみは，海岸での波や紫外線などの影響を受けて，次第に小さ
な破片となる。特に，5 mm 以下になったプラスチックは，**マイクロプラスチッ
ク**とよばれている。これらは，物理的には次第に細かくなっても，化学的には
ほとんど変化することなく，数百年間以上もの間，自然界に残り続けると考え
られている。

　世界中の市販されている食塩の中に，0.2〜0.5 mm 程度のマイクロプラス
チックが混入しているのが見つかっており，さらに他の食品にも混入している
ことがわかっている。これらの粒子の摂取が健康にどの程度影響するのかわ
かっていないが，汚染が驚くほど広範囲に及んでいる実態に不安の声が上がっ
ている。

　これらの実態が広く報道されるようになると，ヨーロッパの国々を先頭に，
ファストフード店で提供する飲料に付けるストローをプラスチック製のものか
ら紙製や木製のものに置き換えたり，ストローなしでも飲めるように容器を改
造してストローを廃止したりする動きが広がり，2018〜2020 年にかけて，日
本でもこれに追随する動きが急速に広がった。

7.3.2 ごみの輸出

前述の海洋汚染の問題と前後して，ごみの海外への輸出の問題がクローズアップされた。そのきっかけは，それまで大量にごみを輸入していた中国が，2017年にごみの輸入を禁止したことであった。中国におけるごみの輸入は，1980年代に国内の工業用原料の不足を補うために始まった。ごみから有用資源を回収して利用しようということであった。ところが，劣悪な施設で資源回収作業を行う業者も多く，環境汚染や健康被害が多発したため，中央政府は輸入の全面禁止を決断した。

日本の輸出ごみも，これまでの受け入れ先はほとんどが中国だったので，中国への輸出がストップすることによって，ごみ処理の停滞が危惧される事態に至った。結局，中国に代わる輸出先を台湾，韓国や東南アジア諸国に求めることになったが (図7.5)，これらの国の環境保護体制も，決して中国よりよいわけではなく，問題は先送りされている。

7.3.3 レジ袋の有料化

日本ではプラスチックの3R (7.4.2参照) を進める中で，2020年からレジ袋の有料化が実施された。環境省が全国の8都市で行ったサンプリング調査 (表7.1) によると，一般廃棄物に占めるプラスチック製容器・包装の割合は，湿重量比率で11.0％，容積比率で48.1％で，かなり大きな比重を占めているが，レジ袋だけに限ると，湿重量比率で0.6％，容積比率で4.1％を占めるにすぎない。仮に有料化によって廃棄されるレジ袋の量が減ったとしても，ごみの減量

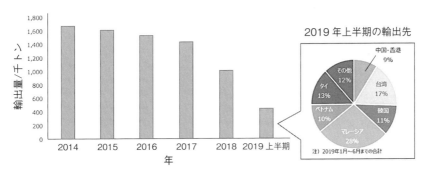

図 7.5　廃プラスチック輸出量の推移
(出典：東京都環境公社，https://www.tokyokankyo.jp/waste-plastic/export-import/157.html)

表 7.1　一般廃棄物に占めるプラスチックの割合

廃棄物の種類	湿重量比率/%	容積比率/%
容器包装	24.1	61.6
紙類	7.0	9.1
プラスチック類	11.0	48.1
ガラス類	3.8	0.9
金属類	2.3	3.5
その他	0.0	0.0
容器包装以外	75.9	38.4

(出典：環境省 > 容器包装廃棄物の使用・排出実態調査 2019 年)

　化に対する効果は微々たるものであろう。したがって，レジ袋の有料化は，プラスチックごみ削減の直接効果を狙ったというより，消費者と販売業者両者の意識改革を促すためのものであったと思われる。図 7.6 には，プラスチック廃棄物の内訳を示す。容器・包装以外にも，様々なプラスチック廃棄物があることがわかる。

　レジ袋の有料化に引き続いて，2021 年には**プラスチック資源循環促進法**が制定された。この法律により，飲食店や小売店などは，使い捨てのスプーンやストローなどの有料化や代替素材への切り替えを求められる。国は新たに環境に

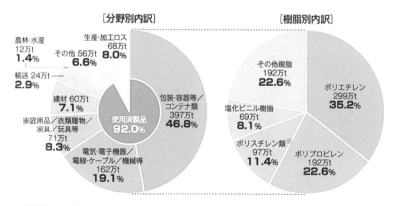

図 7.6　プラスチック廃棄物の内訳
(出典：プラスチック循環利用協会 > 2019 年 プラスチック製品の生産・廃棄・再資源化・処理処分の状況 マテリアルフロー図，https://www.pwmi.or.jp)

配慮した商品設計の指針を作り，プラスチックの使用量が少ない製品やリサイクルしやすい設計の製品などを認定する制度を設け，認定した商品にロゴマークを付けて消費者が選びやすくすることが計画されている。また，プラスチック廃棄物の分別収集，自主回収の拡充・促進を目指す施策も盛り込まれている。

7.3.4 食品ロス

　世界の食料需給は，世界人口の急激な増加や開発途上国の人々の所得向上による畜産物の需要増加，さらには異常気象の頻発や水資源の不足による生産量の減少などの要因によって，将来的に逼迫することは必至だと言われている。

　ところが一方で，食糧の無駄な廃棄が行われているのも事実である。WPF (国連世界食糧計画) は食糧不足が危機的な状況にある国への食糧支援を行っているが，先進国では，このWPFの援助量をはるかに上回る量の食料が廃棄されている。本来は食べられる状態であるにもかかわらず食品が廃棄されることを**食品ロス**とよぶが，日本の食品ロスは年間612万トンに及び，これはWFPによる世界全体の食料援助量の1.6倍にあたる。この食品ロスを国民1人あたり1日あたりに換算すると，約132 gで，茶碗1杯のご飯の量に相当する。この量は，世界各国と比較して特に多いわけではないが，地球環境の持続可能性を考えるとき，できるだけ減らすことが望ましいのは明らかである。

　食品ロスに含まれるものには，製造過程で発生する規格外の製品，加工食品の売れ残り，家庭や飲食店で発生する食べ残し，期限切れの食品，調理の過程で余った食材などがあるが，その発生源の内訳は，図7.7のようになっていて，個人個人の家庭でも，削減の余地が大きいことがわかる。政府は，事業系食品ロス量を2030年度までに2000年度の半分にするという目標を掲げている。

　食品ロスに関して，最近大きく取り上げられた話題が2つある。その1つは**3分の1ルール**である。3分の1ルールは商慣習の1つで，賞味期限までの期間を3分の1ずつに区切り，最初の3分の1の期間内に小売店に納品し (これを納品期限という)，次の3分の1 (最初からは3分の2) の期間を過ぎると返品しなければならないというルールである。農林水産省は，食品業界に対して納品期限の緩和を呼びかけ，これに応じる業者も増加している。

　もう1つは，季節食品の食品ロスである。土用の鰻，クリスマスケーキなど，当日に不足が生じないよう，余裕をもって在庫が準備され，その結果，大量に売れ残りが生じて廃棄されていることが問題視された。特に，その典型として節分の恵方巻きが取り上げられ，批判を受けたことから，農林水産省は2019

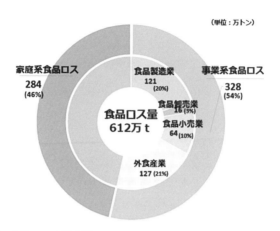

図 **7.7** 食品ロスの発生源
(出典：農林水産省 > 食品リサイクル・食品ロス，https://www.maff.
go.jp/j/shokusan/recycle/syoku_loss/161227_4.html)

年に，小売業者に対して需要に見合った販売の実施を呼びかけた。2020 年に
もその呼びかけは繰り返され，その結果，予約販売を中心にするなどの対応に
よって，当日に完売する業者が増え，廃棄量の削減が実現できた。

7.4 ごみの減量化

　大量のごみの排出は，有害物質を拡散する原因になり，様々な環境問題につ
ながる可能性が高い。プラスチックによる海洋汚染は，その典型的な例である。
また，ごみの大量排出は資源とエネルギーの浪費であり，地球環境の持続性を
損なうものである。食品ロスは，この 1 つの例である。このような観点から，
ごみを減らすことは環境対策の重要な柱の 1 つとなる。ここでは，ごみをどの
ようにして減らすかについて考える。

7.4.1 ごみの有料化

　1980 年代後半からのバブル期にごみの排出量が急増し，各地で中間処理施設
や最終処分場の許容量を超える恐れが生じた。これに対する対策として，家庭
ごみ (一般廃棄物) を有料化することによって，排出量を抑制しようとする動き
が急速に広まった。
　実は，家庭ごみの有料化はこの時期に始まったものではなく，第二次世界大

戦後しばらくは，約半数の都市で手数料が徴収されていた。ところが，1970年代に入って手数料を無料化する都市が相次ぎ，その後1990年頃までは，多くの都市で無料であった。ところが，バブル期のごみの急増を経て，1990年頃から再び有料化が始まった。2016年の時点で，家庭ごみが有料化されている全国の市区町村は63.1％に達している。手数料徴収の方法としては，指定袋を有料で購入する方式がほとんどである。料金は，10Lの袋で10～20円，40Lの袋で40～80円程度のところが多い。

　有料化が減量化につながっているかどうかについては，様々な意見があるが，山谷修作(東洋大学名誉教授)は，指定袋の単価が高い都市ほど減量効果が出ており，有料化は減量のインセンティブとして有効であると結論付けている。40L袋が10～20円の都市では，有料化導入後の減量率が4.1％にすぎなかったが，70円以上の都市では減量率が16.4％に達していた。これらの減量効果は，導入5年後にもまだ続いている[†]。

　また，分別区分の数が多いほど，ごみの排出量が減少するというデータもある。

7.4.2　リサイクルの必要性とその効果

　ごみの排出量を減らすには，**3R**が必要だと言われている。3Rとは，**リデュース** (Reduce，発生抑制)，**リユース** (Reuse，再使用)，**リサイクル** (Recycle，再生利用)の3つである。リデュースだけでなく，リユースとリサイクルを行うことも大切である。

　国が3Rの推進に取り組む姿勢を初めて明確に示したのは，1991年の廃棄物処理法の改正である。このとき，廃棄物処理の目的に，排出抑制と分別，再生が加えられた。また，同時に資源有効利用促進法が制定され，この法律に基づいてリサイクルを行うべき製品や業種が指定され，業種ごとのガイドラインの制定や識別マーク (**リサイクルマーク**，図7.8)の制定が進められた。

　2001年には，循環型社会形成推進基本法の制定とともに**資源有効利用促進法**が全面改正され，その下に，図7.9に示す個別商品のリサイクルに関する6つの法律が制定された。

　個別リサイクル法の対象製品の回収方法と費用負担を表7.2に示す。6つある個別リサイクル法の中で，小型家電リサイクル法は，パソコン，スマート

[†] 山谷修作ホームページ参照 (http://www.yamayashusaku.com)。

資源有効利用促進法による義務表示の識別マーク	各業界が自主的に設定した任意表示の識別マーク

図 **7.8** 分別回収対象となる容器の識別マーク

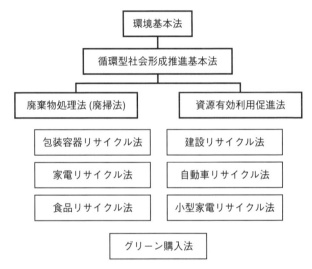

図 **7.9** リサイクルに関する法律

フォン，携帯電話，AV 機器，キッチン家電，生活家電など 400 品目以上を対象としている。これらを回収する目的の 1 つは，貴重な金属を回収することである。現在 1 年間に廃棄されるこれらの製品に，鉄，アルミニウム，銅，貴金属，レアメタルなどの有用な金属が 28 万トンも含まれている。特に，金，銀，スズ，インジウム，タンタルなどについては，現在，日本に存在するこれらの機器に含まれている量の合計が，世界の埋蔵量の 10〜20 ％にあたるとも言われ (金 16 ％，銀 22 ％，スズ 11 ％，インジウム 16 ％，タンタル 10 ％)，これらの資源の枯渇を防ぐためにも回収率を高めることが求められている。

　以上のように 2000 年代に入って加速された 3R の効果もあって，2000 年を境にごみの排出量は増加から減少に転じ，1 人 1 日あたりの排出量も着実に減少している (図 7.10)。最終処分量も，2000 年代初頭に比べてほぼ半減した。

表 **7.2**　個別リサイクル法によるリサイクル

法律	対象	回収と再生	費用負担
容器包装リサイクル法	容器包装 (紙, プラスチック, びん, PET ボトル)	市町村が収集し, 事業者が再生利用	収集：税金 再生利用：事業者
家電リサイクル法	エアコン, テレビ, 冷蔵庫, 洗濯機	買い替え時に小売業者が引取り, 再生利用	消費者 (廃棄時)
自動車リサイクル法	自動車	引取り業者がフロンを回収した後, 解体・再生利用	消費者 (購入時)
小型家電リサイクル法	家電リサイクル法の対象以外の小型家電	市町村が収集し, 事業者が再生利用	収集：税金 再生利用：事業者
食品リサイクル法	食品製造業者・小売店・飲食店からの食品廃棄物	目標値を定めて, 再生利用	
建設リサイクル法	建築解体時の廃棄物	工事発注者に分別解体計画を義務付け	

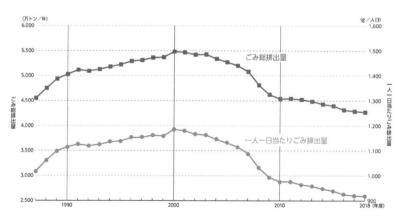

図 **7.10**　ごみの排出量の推移
縦軸の最小値が 0 でないことに注意 (出典：環境省 > 令和 2 年版 環境・循環型社会・生物多様性白書 HTML 版, https://www.env.go.jp/policy/hakusyo/r02/html/hj20020301.html#%20#n2_3_1_1_2_i)

7.5 リサイクルの現状と将来

7.5.1 日本におけるリサイクルの現状

前述のように，日本では，資源有効利用促進法と個別リサイクル法の制定以来，順調にリサイクル率が向上した。現在，一般廃棄物でもトータルのリサイクル率は 20％程度に達しており (図 7.11)，産業廃棄物では，90 数％のリサイクル率を達成している品目もある (図 7.12)。

7.5.2 プラスチックのリサイクル

個別品目のリサイクルの中で，特に注目されているのはプラスチック製品のリサイクルである。プラスチックは海洋汚染の問題を抱えていることに加え (7.3.1 参照)，地球温暖化の原因とされる二酸化炭素濃度の増加にも，深くかかわっているからである。廃プラスチックを燃やせば，炭素成分が二酸化炭素になるし，環境中で微生物による生物学的プロセスや化学的なプロセスによって分解されても，最終的にはすべての炭素成分が二酸化炭素になる。したがって，二酸化炭素排出ゼロの目標を達成するためには，プラスチックのリサイクルの確立が欠かせない。

プラスチックのリサイクルには，3 つの方法として，**マテリアルリサイクル**，**ケミカルリサイクル**，**サーマルリサイクル**がある (表 7.3)。マテリアルリサイクルは，粉砕，洗浄，異物除去などの工程を経て，フレーク (剥片 (はくへん) 状) やペレット (粒子状) の原料製品にすることである。ケミカルリサイクルは，

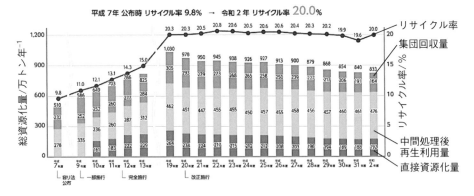

図 7.11 一般廃棄物の資源化量とリサイクル率の推移
(出典：環境省 > 日本の廃棄物処理の歴史と現状 2014, https://www.
env.go.jp/recycle/circul/venous_industry/ja/history.pdf)

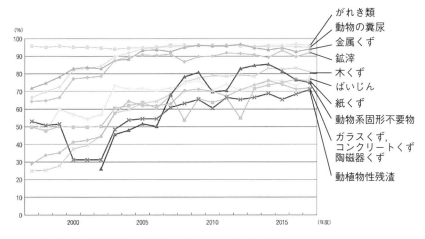

図 7.12 産業廃棄物のリサイクル率 (上位 10 品目)

(出典：産業環境管理協会 > リサイクルデータブック 2020，https://www.cjc.or.jp/data/databook.html)

表 7.3 プラスチックのリサイクル手法の分類

分類 (日本)	リサイクルの手法		ISO 15270
マテリアルリサイクル	再生利用 ・プラスチック原料化 ・プラスチック製品化		Mechanical Recycle (メカニカルリサイクル)
ケミカルリサイクル	原料・モノマー化		Feedstock Recycle (フィードストックリサイクル)
	高炉還元剤		
	コークス炉化学原料化		
	ガス化・油化	化学原料化	
		燃料	
サーマルリサイクル	セメント原料・燃料化 固形燃料化 ごみ発電		Energy Recovery (エネルギーリカバリー)

(出典：プラスチック循環利用協会 > プラスチックリサイクルの基礎知識 2020，https://www.pwmi.or.jp)

重合前の原料 (モノマー) に分解して，プラスチック製造の原料として利用することである．製鉄において，鉄鉱石の還元剤として用いられるコークスの代わりに使われたり，ガス化，あるいは油化して化学工業の原料にされたりするのも，ケミカルリサイクルに分類される．サーマルリサイクルは，燃焼して発生

する熱を発電やセメントの製造に用いることである。

　ただ，サーマルリサイクルでは，エネルギーだけが回収されて，物質的には回収ができていないので，国際的にはリサイクルとは認められていない。例えば，表7.3に示すISO (国際標準化機構) の規格では，サーマルリサイクルは「エネルギーリカバリー」に分類されていて，リサイクルという単語は使われていない。

　日本におけるプラスチックのリサイクルの現状を表7.4に示す。日本の定義に従えば，日本におけるプラスチックのリサイクル率は84％となるが，物質的なリサイクルに限定すれば，リサイクル率は28％にすぎない。資源の浪費を防ぐという目的なら，サーマルリサイクルも含めた数字で評価することにも意味があるが，二酸化炭素排出ゼロを目標とするなら，サーマルリサイクルは評価の対象から外すべきである。

　国は2019年に**プラスチック資源循環戦略**を策定し，次のような目標を定めた。

(1)　2030年までに使い捨てプラスチックの排出を累積で25％抑制

(2)　2025年までに容器をリユース・リサイクル可能なデザインに

(3)　2030年までに容器・包装の6割をリユース・リサイクル

表 **7.4**　プラスチックの有効利用の現状 (2018年)

分類	処理方法	重量比 (%)	
マテリアルリサイクル	再生利用 ・プラスチック原料化 ・プラスチック製品化	23	28
ケミカルリサイクル	原料モノマー化 高炉還元剤 コークス炉化学原料化 ガス化・油化	4	
サーマルリサイクル	熱利用焼却	7	56
	セメント原料・燃料化 固形燃料化	19	
	ごみ発電	30	
未利用	単純焼却	8	16
	埋立	8	

(出典：プラスチック循環利用協会 > プラスチックリサイクルの基礎知識 2020, https://www.pwmi.or.jp)

(4)　2035年までに使用済プラスチックを100％リユース・リサイクルなど
　　により，有効利用

　しかし，この目標を実現するのは容易ではない。実現を阻んでいる要因はい
くつかある。その1つは，現状のような市区町村による回収では，様々な種類
のプラスチックが混在して回収され，それを種類別に分別するのは容易ではな
いことである。物性の異なるプラスチックが混在していては，価値の高い素材
にはなりにくい。さらに，最近は単一の商品の容器や包装でも複数の素材が使
われているケースの多いことが，問題をさらに複雑にしている。例えば，ポテ
トチップスなどのスナック菓子の袋には，酸化を防ぐために窒素が封入されて
いるが，その袋には，ポリエチレン (PE) のフィルムに防湿性を高めるために
ポリプロピレン (PP) をラミネート (積層) し，酸素の透過を防ぐためにポリエ
チレンテレフタラート (PET) をラミネートし，さらに紫外線の透過を防いで
酸化を防止するために，アルミニウムを蒸着するなどした多層構造のフィルム
が用いられている。このような複数の素材からできているフィルムを，それぞ
れの素材に分けて再利用することは，現在の技術ではほぼ不可能であり，プラ
スチック製容器・包装の100％リユース・リサイクルを実現するには革新的な
技術が求められる。

7.5.3　PET ボトルのリサイクル

　プラスチック製容器の中でも，PET ボトルは，単独の回収システムが確立
した数少ない例である。2020年度の回収率は，市区町村による分別収集と販
売業者による回収を合わせて96.7％となっている。この回収率は，アメリカの
26.6％，EU の57.5％ (2019年) などと比べて，極めて高い。また，リサイク
ル率は，すべてのリサイクル法を合わせて88.5％ (2020年度) となっている。
　かつては，牛乳，ビール，酒，醤油など，飲料や調味料の瓶はガラスででき
ており，回収洗浄してリユースされていた。今でも，牛乳瓶，ビール瓶と一升
瓶の一部には，そのシステムが残っている。ガラス瓶は化学物質を吸着するこ
とがなく，アルカリ洗浄すれば吸着物質を完全に除去することができる。しか
し，PET ボトルは傷がつきやすいことに加え，化学物質と接触するとその物
質を吸着し，アルカリ洗浄してもそれを完全に除去することができないため，
匂いが残るなどの問題が生じて，リユースすることができない。

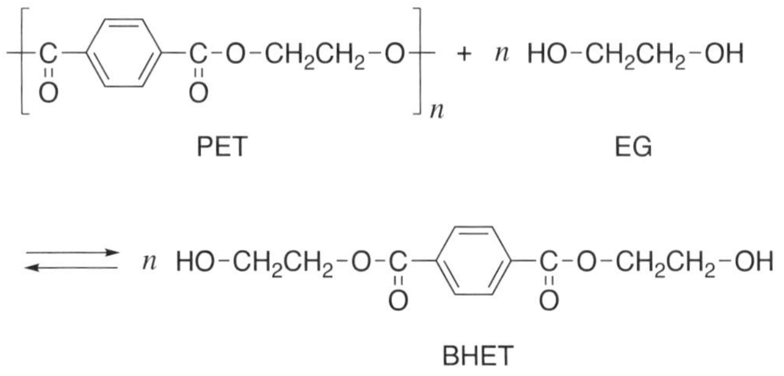

図 7.13 PET ボトルのケミカルリサイクル

　したがって，回収された PET ボトルの大部分は，マテリアルリサイクルで，一旦，フレークやペレットに戻されている。再生された PET のフレークを再び PET ボトルの作成に用いること (ボトル to ボトル) は水平リサイクルとよばれ，PET ボトルとは異なる製品にリサイクルするカスケードリサイクルと区別されるが，再生されたフレークの用途は，食品用トレイなどに用いるフィルム・シート (37.6 %)，車のシートカバーやスポーツウェアなどに用いる繊維 (26.4 %) などカスケードリサイクルが主で，水平リサイクルは31.7 %にとどまっている。PET ボトルの水平リサイクルが難しいのはフレークにも匂いや汚れが残るからであるが，2011 年から，再生フレークを高温高圧で処理することによって不純物を除去し，PET ボトルの再生に用いる技術が事業化された。また，回収 PET ボトルを化学的に分解してモノマー原料を生成し，再び PET ボトルを作る技術 (図 7.13) も事業化されている。PET の再生フレークにエチレングリコール (EG) を加え，触媒として炭酸ナトリウムを加えて加熱すると BHET が生成する。この反応は可逆なので，蒸留精製した BHET に触媒を加えて加熱すると，PET に戻すことができる。最近，全国清涼飲料連合会では「ボトル to ボトル 東京プロジェクト」を開始し，水平リサイクルの促進に取り組んでいる。

7.5.4 紙おむつのリサイクル

　最近注目を集めているのは，紙おむつのリサイクルである。紙おむつの生産量は，2010 年度から 2018 年度の 8 年間で，乳幼児用が 1.7 倍，大人用が 1.5 倍に増加した。今後，人口の高齢化に伴って，大人用おむつの使用量の増加が見込まれる。生産量，使用量が増加するとともに，廃棄物に占める使用済み紙

表 7.5 紙おむつの減量・リサイクル技術

大分類	小分類	概要	目的	生成物
粉砕乾燥処理	摩擦熱処理	端象物を摩擦熱で乾燥させ，重量・体積を 1/3 に圧縮し，燃えやすい普通の廃棄物にする。固めると固形燃料としてリサイクル可能	減量リサイクル	固形燃料
	加熱処理	対象物を熱風で乾燥させ，重量・体積を 1/3 に圧縮し，燃えやすい普通の廃棄物にする。固めると固形燃料としてリサイクル可能		
水溶化処理	分離処理	対象物からパルプを取り出し再資源化する	リサイクル	パルプ プラスチック
	下水処理	汚物と水分を分離したのち，水分を下水道に流すことで，1/10 に減容し運搬・焼却処理を容易にする	減量	——
熱分解炭化処理	——	対象物を低酸素下で熱分解し，炭化させる。容量はもとの 1/200～1/500 のセラミックパウダーになり，セメントの原料などにリサイクルする	減量リサイクル	セラミック
微生物分解処理	——	微生物を利用し，トンネル内で一般ごみを含め対象物を発酵させ減容する。生成物は固形燃料原料と異物に選別する。トンネルでの発酵・乾燥処理は 17 日間	減量リサイクル	固形燃料
気圧利用処理	——	水蒸気の力で高温・高圧状態を作り出し，加水分解作用により処理を行う。生成物は有機肥料の認定も可能で，さらに家畜の飼料化や燃料化も可能	減量リサイクル	堆肥 固形燃料
化学分解処理	——	酸化チタンを約 500°C に加熱し，酸化分解能力を利用して対象を水 (H_2O) と二酸化炭素 (CO_2) に分解する	減量	——

(出典：NIPPON 紙おむつリサイクル推進協会，https://diapers-recycle.or.jp/disposal.html)

おむつの割合が, 大きくなっている。使用済み紙おむつが一般廃棄物に占める
割合は, 現在は約5%であるが, 2030年度には7〜8%に上る見通しで, 減量
化の大きなターゲットになっている。

　現状では, 使用済みの紙おむつはそのまま収集され, 焼却炉で焼却処分され
ているが, 多量の水分を含むため焼却に必要な燃料も多く, 大量の二酸化炭素
を発生する原因になっている。そのため, 減量して固形燃料化したり, パルプ
として再資源化したりする技術が求められ, その開発が進んでいる (表7.5)。
また最近, パルプだけでなく, 紙おむつが水分を吸収するもとになっている高
吸水性樹脂 (SAP) も再生し, 再び紙おむつに使う技術が開発され, 実証化実
験が行われている。

7.6　プラスチックとカーボンニュートラル
7.6.1　プラスチックの分解
　プラスチックとは, 人工的に合成された高分子 (分子量の大きな分子) からな
り, 熱や圧力を加えることにより成形加工のできる物質のことで, 合成樹脂と
もよばれる。プラスチックは, その熱的な性質によって大きく2つに分類され
る。**熱可塑性樹脂**と**熱硬化性樹脂**である。レジ袋やポリ袋の素材でプラスチッ
クとして最も大量に使用されているポリエチレン (PE) やビニール傘の透明
シートの素材であるポリ塩化ビニル (PVC), PETボトルの素材であるPET
は熱可塑性樹脂で, 加熱するとある温度で融解する。一方, 耐熱性の要求され
る場所で使用される熱硬化性樹脂は, 加熱すると分子鎖どうしを結合する反応
が進行し, 硬くなって融けなくなる。表7.6には, 代表的なプラスチックの構
造とその生産比率を示す。

　プラスチックは一般に, 加工性に富み, 軽くて丈夫なうえに, 化学的安定性が
優れているので, 広範に使われている。しかし, その化学的安定性が仇となり,
海洋への流出が大きな社会問題となっている。プラスチックは, 酸素の存在下
で紫外線を浴びると, 表面が酸化され, 少しずつ劣化する。その劣化によって
機械的強度が低下し, 力が加わることによって破砕され, 次第に小さな破片と
なっていくが, それでも内部はほとんど劣化することなく保たれるので, 化学
的に完全に分解されるまでには, 相当な長期間を要する。したがって, 海洋に
流出したプラスチックは, マイクロプラスチックとなって, いつまでも漂うこ
とになる。

　一方, 微生物によって分解され, 環境中に放置すれば比較的短い期間で二酸

表 7.6　プラスチックの種類とその生産比率

プラスチックの種類	略称	構造	生産比率/%
熱可塑性樹脂			89.3
ポリエチレン	PE	（構造式）	23.9
ポリプロピレン	PP	（構造式）	22.9
ポリ塩化ビニル	PVC	（構造式）	15.4
ポリスチレン	PS	（構造式）	7.0
ポリ (エチレンテレフタラート)	PET	（構造式）	3.9
ABS 樹脂	ABS		3.3
その他の熱可塑性樹脂			12.8
熱硬化性樹脂			8.3
その他			2.4

　生産比は小数点以下第 2 位を四捨五入しているため, 合計しても必ずしも 100 とはならない。(出典：日本プラスチック工業連盟のデータ, 2017 をもとに作成)

化炭素と水に分解されてしまうプラスチックも存在する。このようなプラスチックは**生分解性プラスチック**とよばれる。図 7.14 に代表的な生分解性プラスチックの構造を示す。生体物質である乳酸から合成されるポリ乳酸 (PLA) は, 堆肥など微生物が数多く棲息する地中に埋めると, 数週間で分解が進んでボロ

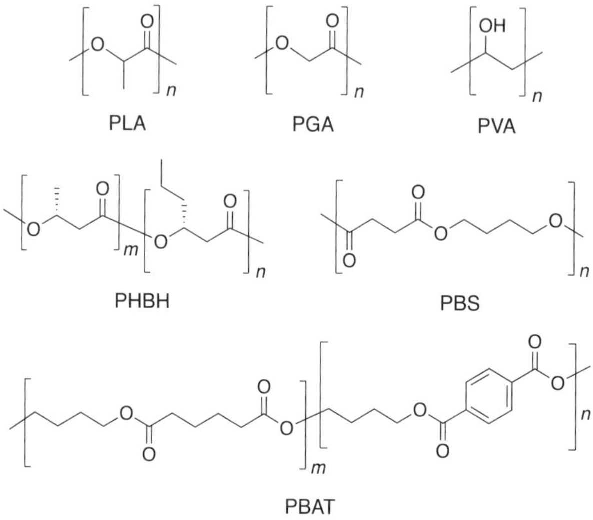

図 **7.14** 代表的な生分解性プラスチックの構造

ボロになり，そのうち代謝によって二酸化炭素と水に分解される。しかし，海水中にはこのプラスチックを分解できる微生物が少ないので，海洋に流れ出してしまうと分解されずに長期間漂流することになる。その中で，PHBH は海水中でも比較的短期間に分解されるプラスチックとして注目されている。

　生分解性プラスチックが開発されてから，すでにかなりの年月が経つが，生分解性プラスチックの利用はなかなか普及しない。それは，製造コストのうえで，従来のプラスチックに太刀打ちできないからである。ただ，魚網のように完全な回収が難しい場所で使用する場合や，農業用シートのように長期間屋外で使用され，飛散すると回収が困難な場合では，生分解性プラスチックにコスト高を相殺する利便性があり，今後需要が高まることも予想される。

7.6.2　バイオマスプラスチックと生分解性プラスチック

　生分解性プラスチックの炭素成分は，微生物によって最終的にはすべて二酸化炭素に変換される。したがって，微生物によるプラスチックの分解は，地球温暖化ガスである二酸化炭素の増加につながるので，海洋プラスチックごみの問題は，プラスチックを生分解性にすればすべて解決ということにはならない。では，どのような条件が揃えば，生分解性プラスチックの使用が環境汚染防止対策になるのだろうか。

　大気中の二酸化炭素は植物や藻類の光合成によって固定され (生物学的には「固定」というが，化学的には「還元」)，グルコースやセルロースなどの有機化合物になる。植物や藻類の光合成によって作られた有機化合物，いわゆるバイオマスを原料としてプラスチックを生産することができれば，植物や藻類の力を借りてプラスチックをリサイクルし，大気中の二酸化炭素濃度を増加させることなく，環境を保全することができるはずである。これは，再生可能エネルギーのところで述べたカーボンニュートラルの考え方である (6.5.4 参照)。このようなバイオマスを原料として作られるプラスチックを，**バイオマスプラスチック**という。つまり，生分解性かつバイオマス由来のプラスチックであれば，万が一環境中に飛散しても，そのまま分解されるのを待てばよいということになる。

　図 7.15 に示すように，現実には，バイオマスプラスチックと生分解性プラスチックは完全には重なり合わない。例えば，PL (ポリ乳酸) や PHBH は生分解性かつ生物由来であるが，PBAT や PBS は一部の原料が石油由来なので，生分解性ではあるが生物由来ではない。一方，サトウキビから得られる砂糖を発酵させて得たエタノールを原料とするバイオポリエチレン (バイオ PE) は，生物由来ではあるが，構造は PE そのものなので，生分解性ではない。

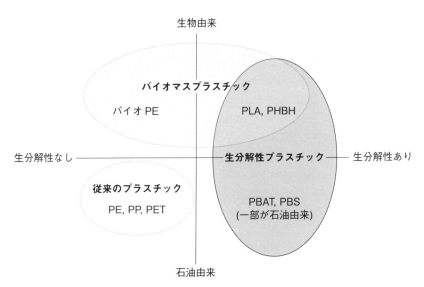

図 **7.15**　生分解性の有無と原料の種類によるプラスチックの分類

　海洋プラスチックごみの問題の解決には，生分解性プラスチックが必要であるが，地球温暖化の解決だけを目指すなら，原料が生物由来であればよい。生物由来であれば，たとえごみとして焼却処理したとしても，カーボンニュートラルで大気中の二酸化炭素は増加しないからである。

　いずれにしても，すべてのプラスチックのリサイクル率を 100％にすることは不可能なので，プラスチックの再生可能性を実現するためには，用途に応じてバイオマスプラスチックや生分解性プラスチックの導入も進めていく必要があるだろう。

江戸時代のリサイクル

　海外から資源を輸入することのなかった江戸時代には，ほとんどすべてのものを国内で生産しなければならなかった。しかも，化石燃料を使わないので，生産や輸送に用いるエネルギーは国内に降り注ぐ太陽エネルギーに限定されており，エネルギーの浪費を徹底的に抑えなければならなかった。したがって，必然的に，資源として再利用できるものは，可能な限り再利用するシステムができあがった。そして，そのリサイクル社会は実際に 200 年にわたって持続したのである。

　石川英輔の「大江戸リサイクル事情」(講談社 1994) に，江戸時代のリサイクルの具体的な事例がたくさん紹介されている。主要な食料であった米を収穫した後に残る稲藁が，草鞋，草履，編笠，蓑などの材料になり，さらに使えなくなると肥料になっていたことや，人間の排泄物や生ごみが肥料として利用されていたことなどは，比較的よく知られているが，そればかりではない。リサイクルのシステムは，生活の隅々まで及んでいた。

　当時の紙 (和紙) は現代の紙よりパルプの繊維も長く，漉き返しに適していて，徹底的にリサイクルされた。古紙を買い取る業者がいて，不要になった帳簿などを買い取って集めたが，買い取る資金のない零細な業者は，街中に落ちている紙を拾い集めて再生業者に売った。

　当時は多くのものが木や竹と紙でできていたが，そういうものも使い捨てにはせず，可能な限り修繕して長く使用した。提灯，算盤，炬燵の櫓，樽，下駄，傘から箒まで，それぞれ専門の修理業者がいて，古い材料を生かしながら修理再生した。使えなくなった材料も，燃料として貴重だった。

　さらには，燃やした後に残る灰も，貴重な資源であった。灰は，肥料の三要素の１つであるカリウムの唯一の供給源であったほか，アルカリ (塩基) の必要な製造工程で重宝された。酒造りにおける麹の製造，製紙における木材繊維の製造，絹糸の製造，藍染や紅染，陶器の釉 (灰釉) などに欠かせないほか，家庭における日常

の洗剤としても使われた。

　このような徹底したリサイクルシステムは，ごみは溜めないように焼却し，焼却灰は最終処分場に埋めるのが主で，リサイクルは従となっている今日のごみ処理とは，根本的に発想が異なる。持続可能な社会の実現を考えるとき，もう一度振り返ってみる必要がありそうだ。

7.7　ライフサイクルアセスメント
7.7.1　ライフサイクルアセスメントとは

　ライフサイクルアセスメント (**LCA**) とは，製品の素材の調達から，廃棄・リサイクルに至るまでのライフサイクル (製品の一生) 全体を通しての環境負荷を定量的に算定する手法のことである。製品だけではなく，サービスも分析の対象となる。LCA の目的は，環境改善に向けた意思決定のための科学的な根拠を提供することで，資源の採掘から，素材や部品の製造，組立，流通，使用，廃棄，リサイクルに至るライフサイクル全体を対象として，各段階での資源やエネルギーの投入量と排出物の量を定量的に把握し (インベントリ分析)，これらの環境への影響や資源枯渇への影響を定量化して評価する。

　LCA の実施方法の枠組みは，国際標準規格 ISO14040 に定められている。それによると，LCA は，「目的および調査範囲の設定」，「ライフサイクルインベントリ分析」，「ライフサイクル影響評価」，「ライフサイクル解釈」の４つの段階から構成されている (図 7.16)。まず「目的および調査範囲の設定」において，何の目的で，誰に対して何を主張するために調査を行うかを明確にする。さらに，その目的を実現するために必要な調査の範囲を定める。「インベントリ分析」では，ライフサイクルの各段階での資源やエネルギーの投入量と排出物の量を計算する。「影響評価」では，インベントリ分析の結果に基づいて，環境への影響，例えば，気候変動への影響や大気汚染への影響などを定量的に評価する。生物多様性への影響など，多項目の環境負荷が総合的に影響する評価対象の場合は，それぞれの環境負荷に重み付けをして総合的に評価する。「解釈」では，用いたデータや計算内容に漏れがないかどうかなどをチェックするとともに，推定値や想定値 (例えば，繰り返しの使用回数を何回と想定しているか) が使われている場合は，その推定値の精度や想定値の幅が計算結果にどの程度影響するかを評価し，結論をまとめて報告書を作成する。

　LCA が威力を発揮する１つの典型的なケースは，ある目的を実現する手段

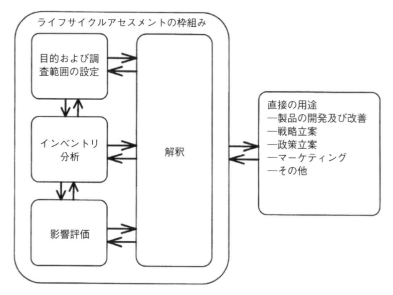

図 **7.16**　**LCA** の構成段階

として複数の方法が考えられるとき，どの方法を選べば環境負荷が最も少ない
かを評価するという場合である。図 7.17 は，コーヒーショップからコーヒー
をテイクアウトする際に，タンブラー (本体：AS 樹脂製，蓋：PP 樹脂製，重
量：234.7 g) を持参する場合と，使い捨てのプラスチック製カップ (本体，蓋：
PS 樹脂製，ストロー：PP 樹脂製，重量：13.8 g)，あるいは使い捨ての紙カッ
プ (本体：紙製，蓋：PP 樹脂製，重量：15.3 g) を使用する場合の CO_2 排出量
を比較した LCA の結果である。このようなケースでは，自前の容器を繰り返
し使用した方が CO_2 排出量は少ないだろうと，単純に考えてしまいがちであ
る。しかし，使われている樹脂などの素材の量はタンブラーが最も多いので，
製造に際して発生する CO_2 の量も廃棄に際して発生する CO_2 の量も多く，も
し仮に少ない使用回数で廃棄してしまえば，タンブラーの CO_2 排出量が最も
多いという結果になってしまう。図 7.17 は 100 回使用した場合の比較である
が，この計算に用いたデータをもとにすれば，使用回数が 49 回に満たなけれ
ば，紙カップの方が CO_2 排出量が少ないという結果になる。このように，環
境負荷の大きさを正しく評価するためには，ライフサイクル全体での環境負荷
を評価することが必要である。

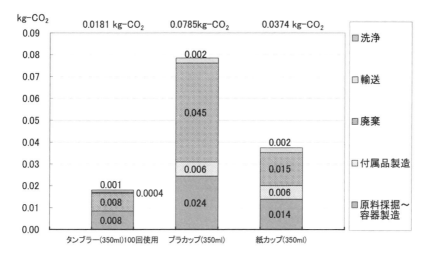

図 **7.17** タンブラー，プラカップ，紙カップの CO_2 排出量の比較
(出典：環境省 > リユース可能な飲料容器およびマイカップ・マイボ
トルの使用に係る環境負荷分析について，https://www.env.go.jp/
recycle/yoki/c_3_report/pdf/h23_lca_01.pdf)

7.7.2　プラスチックのリサイクルの LCA

これまで進められてきたプラスチックのリサイクルの努力が，実際にエネル
ギー消費量の削減や二酸化炭素排出量の削減につながっているかどうかについ
て，LCA を用いた検証がプラスチック循環利用協会によって行われている。
2020 年度の実績データに基づき，プラスチックの全量を単純焼却処分した場合
と，各種のリサイクルを現行の比率で行った場合について，原料の調達から廃
棄・有効利用・再生までのエネルギー消費量と二酸化炭素排出量を算出し，比
較している。

比較の結果，リサイクルを行うことによってエネルギー消費量が 28 ％削減さ
れ，二酸化炭素排出量が 35 ％削減されたことがわかった。これらの削減量は，
それぞれ，家庭で消費される総エネルギー量の 6.9 ％，家庭からの二酸化炭素
総排出量の 6.7 ％に相当する。

各リサイクル方法の貢献度を比較すると，二酸化炭素排出量においてはマテ
リアルリサイクルと固形燃料としての利用が大きく貢献しており，エネルギー
消費量においては，これに加えて発電焼却 (ごみ処理発電) の貢献が大きいこと
がわかる (図 7.18)。

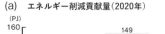

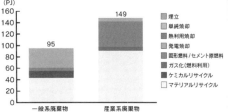

処理・処分方法	エネルギー削減貢献量（PJ）		
	一廃	産廃	計
マテリアルリサイクル	43	91	135
ケミカルリサイクル	12	0	12
ガス化（燃料利用）	1	7	7
固形燃料 / セメント原燃料	5	44	49
発電焼却	34	6	40
熱利用焼却	0	0	1
単純焼却	0	0	0
埋立	0	0	0
合計	95	149	244

四捨五入による数値の不一致は一部存在する。

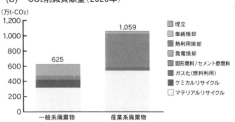

処理・処分方法	CO2削減貢献量（万 t-CO2）		
	一廃	産廃	計
マテリアルリサイクル	317	546	863
ケミカルリサイクル	102	2	104
ガス化（燃料利用）	6	38	45
固形燃料 / セメント原燃料	54	443	497
発電焼却	144	27	170
熱利用焼却	2	3	5
単純焼却	0	0	0
埋立	0	0	0
合計	625	1,059	1,684

四捨五入による数値の不一致は一部存在する。

図 7.18　プラスチックのリサイクルの LCA
(出典：プラスチック循環利用協会 > 2020 年 プラスチック製品の生産・廃棄・再資源化・処理処分の状況 マテリアルフロー図, https://www.pwmi.or.jp)

7.7.3　自動車の二酸化炭素排出量の LCA

「電気自動車 (EV) はガソリンを使わないので，二酸化炭素をほとんど排出しない。」

上の文章は正しいだろうか。ガソリンは使わないが，モーターを動かすための電気はどこからきているのだろうか。様々な発電方法があるが，現状では発電の主力は火力発電なので，発電時に二酸化炭素が発生する。EV の走行 1 km あたりの二酸化炭素排出量は，2015 年の日本の電源構成の電力を使用すると仮定して見積もると，ガソリン車の 45 ％となる。そこで，上の文章を次のように修正する。

「EV の排出する二酸化炭素は，ガソリン車の 45 ％である。」

これは正しいだろうか。実は，自動車のライフサイクルを考えると，状況は大きく変わる。図 7.19 を見てほしい。この図には，製造から廃棄までの二酸化炭素排出量が比較してある。まず，製造時に EV はガソリン車の 2 倍近い二酸化炭素を排出する。走行を始めると，上述の通り 1 km あたりの排出量はガ

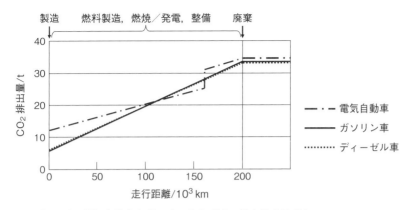

図 7.19 電気自動車とガソリン車の CO_2 排出量の LCA
電気自動車のバッテリー容量 35.8 kWh, ガソリン車の排気量 1998 cc,
ディーゼル車の排気量 1498 cc (出典：Kawamoto, R. *et al.*, *Sustainability* **2019**, *11*, 2690 をもとに作成)

ソリン車の 45％なので，いずれはガソリン車が追いついてくる。ただし，それは走行距離が 10 万 km にも達する頃である。さらに走行距離 16 万 km に達すると，また一気に排出量が増える。これは，バッテリーの寿命がきて，バッテリーを交換しなければならないからである。製造時にたくさんの二酸化炭素を排出するのも，バッテリーの生産時に大量の二酸化炭素を排出するからである。このように，ライフサイクル全体で考えると，現状では，EV の方がガソリン車より二酸化炭素排出量が少ないとはとても言えない。

しかし，将来的には EV の方が有利になる可能性は十分にある。電源の再生可能エネルギーへのシフトが進めば，走行 1 km あたりの二酸化炭素排出量はもっと少なくなるし，省資源省エネルギー型のバッテリーの開発が進み，またバッテリーの寿命も長くなれば，ライフサイクルでの二酸化炭素排出量はさらに少なくなる。実際，次世代バッテリーの開発には，現在，各社が競って取り組んでいるので，近い将来にそうなる可能性は十分にあると思われる。

以上，いくつかの例で見てきたように，環境負荷を 1 つの側面だけで評価すると，結果的に誤った判断や選択をする危険性が高い。環境負荷は，常にライフサイクル全体で評価しなければならない。国や自治体の政策が LCA に基づいていなければならないのはもちろんのこと，消費者も LCA に基づいて商品やサービスを選択できるようになることが望ましい。そのためには，企業や団体が，LCA に基づく情報を今よりもっと多く発信していくことが必要である。

章末問題 7

7.1　ごみとリサイクルに関係する次の各記述について，正誤を判定し，間違っている場合は修正せよ。

(1)　一般廃棄物に占める容積比率では，プラスチック製の容器・包装が最大で，50％近くを占める。

(2)　レジ袋の廃棄量は，国内のプラスチック総廃棄量の 20％を占める。

(3)　廃プラスチックの約 1/3 を占めるのは，レジ袋などに使われているポリエチレンである。

(4)　プラスチックのリサイクルの方法としては，マテリアルリサイクル，ケミカルリサイクル，サーマルリサイクルがある。

(5)　プラスチックの中では PET ボトルが最もリサイクル率が高く，85％以上がリサイクルされており，約 30％は再びボトルに戻っている。

(6)　廃プラスチック全体では，半分以上が燃料として焼却されている。

(7)　サトウキビから作られるポリエチレンのようなバイオマスプラスチックは，カーボンニュートラルである。

(8)　プラスチックが生分解性であることと，カーボンニュートラルであることとは，実質的に同義 (同じ意味) である。

(9)　石油由来のプラスチックを生分解性プラスチックに変えることで，地球温暖化の進行を防ぐことができる。

(10)　紙製品はカーボンニュートラルとみなせるので，資源採取から製造までの CO_2 排出量はほとんどゼロになる。

7.2　東京都 23 区では 2008 年から，それまで「不燃ごみ」として収集していたプラスチック類を「可燃ごみ」として収集するようになった。その背景を調べよ。

7.3　ある工場では，1 日に部品 A を 100 個と素材 B を 50 kg 使って製品 P を 10 個作っている。この工場では，1 日に 80 kWh の電力を消費している。以下の情報を用いて，製品 P の 1 個あたりの CO_2 排出量を求めよ。

〈情報〉
- 部品 A を 1 個製造するためには，10 kg の素材 C と電力 20 kWh が必要である。
- 素材 C を 1 kg 製造するまでの CO_2 排出量 (上流プロセス合算済み) は 0.60 kg-CO_2 である。
- 電力 1 kWh の CO_2 排出量 (上流プロセス合算済み) は 0.50 kg-CO_2 である。
- 素材 B を 1 kg 製造するまでの CO_2 排出量 (上流プロセス合算済み) は 2.0 kg-CO_2 である。

8 化学物質の管理とリスクの考え方

世界最大の化学物質のデータベースである CAS (Chemical Abstracts Service) には，2022 年の時点で約 2 億種の有機および無機化合物と約 7000 万件のタンパク質および遺伝子の配列が登録されている。このような膨大な種類の化学物質のうち，ごく一部の有用な化学物質を安全に使うための考え方がまとめられている。本章では，その考え方を学び，化学物質の安全性やリスクを正しく説明できることを目指す。

8.1 化学物質のリスクとは

リスクという言葉は，様々な場面で使われる。辞書によっては単純に危険と書かれている場合もあるが，一般には危険の生じる可能性であり，確率的な要素が含まれる。金融商品などでは予想通りいかない不確実性という意味合いで使われる。化学物質のリスクの場合は，次のように定性的に表される。

$$(化学物質のリスク) = (有害性の程度) \times (曝露量)$$

例えば，猛毒の物質をある研究室が合成したとしても，その研究室で厳重に管理されている限りは，一般の人がその猛毒物質に曝露される可能性はないので，その物質のリスクは低い。一方，弱い毒性であっても，食物に含まれていて日常的にあるいは大量に摂取する場合には，リスクは大きい。そのため，化学物質のリスクを考えるときには，有害性を評価するだけでなく，曝露量も評価することが重要である。

リスクの調査を**リスクアセスメント**とよび，その結果に基づいて環境リスクを総合的に判断して管理方法を定めることを**リスクマネジメント**とよぶ。さらに，その化学物質の管理について，関係者に伝えて，相互理解を深めることが**リスクコミュニケーション**とよばれる。管理方法を定めて，関係者が協力してその管理方法に基づいて化学物質を扱うことでリスクが減る (図 8.1)。

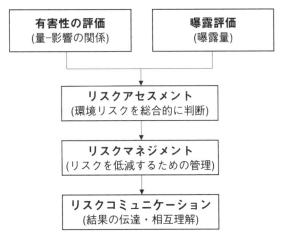

図 8.1　化学物質管理の手順

8.2　化学物質のリスクアセスメント
8.2.1　リスクアセスメント
　化学物質のリスクを考えるためには，まずリスクを調査する必要があり，そ
れをリスクアセスメントとよぶ。リスクアセスメントは，化学物質の量とその
影響の関係を調べることで，有害性を評価し，化学物質の環境への排出量であ
る曝露量を調査あるいは予測することで行われる。

8.2.2　有害性の評価
　化学物質の有害性 (ハザード) は，大きく 3 つに分けられる。(1) 爆発性や引
火性は物理化学的有害性である。(2) 人の健康に対する有害性であり，急性毒
性と慢性毒性に分けられる。実験的には，急性毒性は動物への 1 回投与あるい
は短時間の反復投与で評価され，慢性毒性は動物の平均寿命相当の長期投与で
評価される。(3) 生態系への毒性がある。生態毒性は化審法では (8.3.1 参照)，
植物プランクトンを用いる藻類生長阻害試験，動物プランクトンであるミジン
コ類急性遊泳阻害試験，魚類急性毒性試験などで評価されるが，当該化学物質
の使用目的に合わせて試験生物を考える必要がある。
　有害性の評価は，基本的に化学物質の量とその影響の関係を調べる。例えば，
急性毒性を評価する場合，いくつかの用量あるいは濃度で試験し，それぞれの場

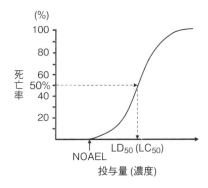

図 **8.2**　半数致死量(濃度)と **NOAEL** の求め方

合の死亡率を調べる。この場合，用量は体重あたりの投与量で，例えば mg/kg の単位で表されるものである。その関係から死亡率が50％になる用量を LD_{50} (50％ lethal dose，半数致死量)，濃度を LC_{50} (50％ lethal concentration，半数致死濃度) とよぶ (図 8.2)。

8.2.3　慢性毒性の評価

　慢性毒性は，一般には閾値を考えるが，発がん性は閾値がないとして実質安全量を考える。閾値とはこれ以下の量であれば影響がみられない量をいう。生物には毒物を分解したり，排泄したりする能力があり，細胞には DNA やタンパク質の損傷を修復する能力がある。再生可能な細胞もある。これらの理由により，閾値が存在し得る。試験動物に対して悪い影響がみられない最大用量を，**NOAEL** (No Observed Adverse Effect Level，無毒性量) とよぶ (図 8.2)。野生生物に対して有害な影響がでない最大濃度を **PNEC** (Predicted No Effect Concentration，推定無影響濃度) とよぶ。

　試験動物で得られた結果から，人が一生涯にわたり摂取しても健康に対する有害な影響が現れないと判断される 1 日あたりの摂取量 (**TDI**: Tolerable Daily Intake，耐容1日摂取量) を算出し mg/kg/day などの単位で表す。TDI を求めるには，NOAEL を不確実係数 (安全係数) で除する。**不確実係数**として，おもに種差 (動物と人の違い) として 10，個体差 (個人間の感受性の違い) として 10 を用いることが多いが，必要に応じてその他の要因も考える。

　さらに，基準値を考えるときには，**寄与率**という考え方も必要となる。TDI は1日にその化学物質をどれだけ摂取してよいかという値である。ある化学物

質は水，食品，さらには空気にも含まれると考えられる。例えば，その化学物質の摂取量の 8 割を食品から摂取するのであれば，食品からの摂取量を TDI の 8 割に抑える必要がある。そこで，考えるのが寄与率である。TDI を曝露 (摂取) 経路ごとの寄与率で配分して，それぞれの基準値とする。しばしば，食品 80 %，飲料水 10 %が使われる (章末問題を解いて，具体的な基準値の求め方を学ぼう)。

8.2.4 個人差を考えた集団としてのリスク

前述の議論では，基準値を超えればリスクあり，基準値以下であればリスクなしという判定になる。しかし，詳しくみれば各個人に異なる NOAEL があるはずなので，「体内濃度がその人の無毒性量を超える人」の確率から集団のリスクを求めることができる。図 8.3 の左側の軸は個人の体内濃度の確率密度である。右側の軸は個人の NOAEL の累積確率密度である。このグラフでは，体内濃度が分布している範囲は集団としての NOAEL 以下であるが，斜線で示す部分には個人の NOAEL を超えて影響が出る人が存在する。ある体内濃度をもつ人の確率とその濃度が無毒性量を超えている人の出現確率の積が，影響が出る人の出現確率 (**生起確率**) である。これが，確率としての集団のリスクで次式により求められる。

$$リスク = \int f(x)\phi(x)\, dx = F\left(\frac{\mu_1 - \mu_2}{\sqrt{\sigma_1{}^2 + \sigma_2{}^2}}\right)$$

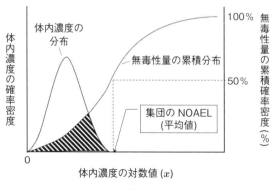

図 **8.3** 個人差の分布

$f(x)$: 体内濃度の正規確率密度関数 (平均値 $= \mu_1$, 標準偏差 $= \sigma_1$),

$\phi(x)$: 無毒性量の正規累積密度関数 (平均値 $= \mu_2$, 標準偏差 $= \sigma_2$),

F: 標準正規累積密度関数 (平均値 $= 0$, 標準偏差 $= 1$)

8.2.5 発がん性物質の基準値

発がん性のある物質は，閾値がなく，どんなに少なくてもゼロではない危険があると化学物質のリスク評価では考える。しかし，発がん性のある化学物質をすべて禁止することはできないので，確率で基準値を設定する。**実質安全量** (Virtually Safety Dose: VSD) という考え方である。生涯にわたって曝露を受けた場合に曝露を受けなかった場合に比べて 10 万人に 1 人の割合でがんを発症する人が増える場合を，生涯リスクレベル 10^{-5} とする。このようになる摂取量を実質安全量とする。

なお，発がん性物質は**国際がん研究機関 (IARC)** により評価され，グループ 1 (発がん性がある)，2A (おそらく発がん性がある)，2B (発がん性の恐れがある) などと分類されている (表 8.1, 表 8.2)。発がん性の証拠の強さで分類されたものであり，発がん性の強さや曝露量に基づくリスクの大きさを示すものではない。

表 8.1 IARC による発がん性の分類

分類	発がん性の程度	証拠の強さ	物質数
1	ヒトに対して発がん性がある	ヒトにおいて「発がん性の十分な証拠」がある	126
2A	ヒトに対しておそらく発がん性がある	ヒトにおいて「発がん性の限定的な証拠」がある	94
2B	ヒトに対して発がん性がある可能性がある	実験動物において「発がん性の十分な証拠」がある	322
3	ヒトに対する発がん性について分類できない	研究の著しい不足があることを意味し，発がん性がないことを断定するものではない	500

証拠の強さは，IARC では複数の項目が示されているが，ここでは代表的な場合を示している。

(出典：国際がん研究機関 (IARC) の Web サイト IARC Monographs on the Identification of Carcinogenic Hazards to Humans および 厚生労働省 資料「IARC 等の発がん性評価の基準について」をもとに作成)

表 8.2　IARC 発がん性リスクのグループ 1 に含まれるおもな
化学物質・環境

無機物質	有機物質	物理的作用 複雑な混合物	生物学的因子 食品・嗜好品
ヒ素および ヒ素化合物	アフラトキシン	ディーゼルガスの 排気ガス	B 型肝炎ウイルス
カドミウムおよび カドミウム化合物	1,2-ジクロロプロパン	太陽光曝露	アルコール飲料
六価クロム化合物	ベンゼン	X 線照射	加工肉*
ニッケル化合物	ホルムアルデヒド	ガンマ線照射	タバコ
アスベスト	ポリ塩化ビフェニル (PCB) 2,3,7,8-四塩化ジベン ゾ-パラ-ジオキシン (ダイオキシン)	放射性ヨウ素被曝	

＊　加工肉を一切食べないよう求めるものではなく，摂取を減らすことで大腸がんのリスク
を減らせることを示している。国立がん研究センターは，日本人の平均的な摂取の範囲であ
れば，加工肉がリスクに与える影響はないか，あっても小さいとしている。
(出典：国際がん研究機関 (IARC) の Web サイト IARC Monographs on the Identi-
fication of Carcinogenic Hazards to Humans をもとに作成)

8.2.6　リスクの比較

　ここまで，いくつかのリスクの評価方法をみてきたが，異なる種類のリス
クを比較するにはどうすればよいだろう。異なる種類のハザードがある場合
(8.2.2 参照)，例えば，がんになる確率と皮膚に炎症が起こる確率が同じである
として両者を同じリスクだと考えるだろうか。5 年生存率の異なるがんを同じ
ように比較できるだろうか。そこで，寿命をどのくらい短縮するか，つまり**損
失余命**によって比較することが行われる。例えば，ある研究では 40 歳の時点
でたばこを吸っている人の余命は，吸っていない人より 4〜5 年短いとされて
いる。たばこを 1 本吸うごとに寿命が 11 分短くなるというデータもある。一
方で，発がん性物質として知られるカドミウムの損失余命は 0.87 日，ヒ素は
0.62 日，ベンゼンは 0.31 日とされる。
　ところで，死亡に至らずとも健康でない生活が続くことも望まれるものでは
ない。そこで，生活の質 (Quality of Life: **QOL**) が低下した場合には，生存
年数を短く補正して計算することもある。

8.3 化学物質のリスクマネジメント

　リスクアセスメントに基づき，必要に応じて**リスクマネジメント**(リスク管理)を導入してリスクを低減する。特に，有害性の高い化学物質について，日本では法令で具体的な規制が定められている。一方，規制を回避して，規制の対象となっていない物質を対策が不十分なまま使用した結果，労働災害が発生することがある。そこで，国が**労働安全衛生法**などの法律でリスクの高い化合物を個別に規制するのではなく(8.3.3 参照)，広範な物質に対して，「**自律的な管理**」への移行を促進しようとしている。本来，リスク評価に基づいて，リスクを低減させるための措置がリスクマネジメントであり，法律を守ればよいということではない。リスクマネジメントは，化学物質を扱う者あるいは組織が自ら行うべきものである。

　リスクマネジメントを行ううえで，注意を払わなければならないのはリスクのトレードオフである。リスクを削減させるための努力が，他のリスクを増大させることをリスクの**トレードオフ**という。例えば，有機塩素系殺虫剤のDDTは，生態系に悪影響を及ぼすことから，各国で使用が禁止された。しかし，その結果，マラリア患者が増加した。そこで，最近では，DDTの室内散布が認められ，野生動物に影響のないかたちで使用されるようになった。リスク削減のためにかかるコストもトレードオフである。リスクとベネフィットを解析することが重要である。

8.3.1 有害な化学物質の管理

　新たに作られる化学物質の有害性を調査させるしくみとして，日本には**化学物質審査規制法(化審法)** がある。カネミ油症事件の原因物質とされたPCB(ポリ塩化ビフェニル，3.5.3 参照)のように，分解性が低く，人体に残留することで長期毒性を示す物質を規制するために，化審法が制定された。新規の化学物質を新たに1t以上製造あるいは輸入する場合に，事前審査が必要とされる。事前審査では，当該物質の自然分解性，生物体内への蓄積性，人への長期曝露による毒性，動植物への生態毒性が調べられる(8.2.2 参照)。世界各国にも同様の制度があるが，特にヨーロッパの **REACH** (Registration, Evaluation and Authorization of Chemicals) 規制では，新規物質だけでなく，年間1t以上販売する既存の化学物質を約10年かけて2018年までに審査のうえ登録された。さらに，ヨーロッパでは **RoHS 指令** (Restriction of Hazardous Substances

---

雨の日にギンザケが死ぬ？

　2000年代の初めには，北米の太平洋岸の河川に産卵のために遡上するギンザケ
が大量斃死するという現象が認識されていた。ひどい場合には遡上したギンザケの
90％が死に，この現象は大雨の後に起きていた。調査の結果，老化防止剤として
タイヤに添加される N-(1,3-ジメチルブチル)–N′–フェニル–1,4–フェニレンジア
ミンが変化して生成する 6-PPD-quinone という化合物が原因であることがわかっ
た。この添加剤は酸化防止作用があり，添加剤自身が酸化して生成した化合物が強
い毒性を示した。タイヤの 1.3〜1.6％がこの化合物であり，ギンザケを死に至らし
める十分な量が雨で流されると考えられる。大量に使われる化学物質については，
変換して生成する化合物の毒性も精査が必要であることをこの事例は示している。

Directive) により，電子・電気機器のリサイクルあるいは処分を容易にするた
め，鉛，水銀，六価クロム，カドミウム，フタル酸エステルなど，10種の物質
の使用が制限されている。

8.3.2　化学物質の曝露量の管理

　化学物質のリスクを評価するためには，曝露量を知ることが重要である (8.1
節)。例えば，大気環境や河川・湖沼などの公共水域では，おもな汚染物質につい
て**環境モニタリング**が行われている。また，**化学物質排出把握管理促進法 (化管
法)** によって定められた**PRTR** (Pollutant Release and Transfer Register,
化学物質排出移動量届出) 制度では，事業者が515種の対象化学物質を排出・
移動した際に，その量を把握し届け出ることが義務付けられている。国は届け
出されたデータを集計して公表する。この制度は，化学物質の使用や排出を規
制するものではなく，公表して外部の目に晒されることで，事業者の努力を促
すという特徴がある。

8.3.3　職場における化学物質の管理

　職場における労働者の安全と健康を確保するために，**労働安全衛生法**が制定
されている。特定化学物質や有機溶剤として定められている化学物質を取り扱
う場合には，作業主任者の選任，特殊健康診断の実施，局所排気装置などの使
用，作業環境測定，法定の掲示などが求められている。妊娠・出産・授乳機能
に影響のある物質は女性労働基準規則により，タンク内や作業場所の濃度が管
理濃度を超える状態での女性労働者の就業が禁止されている。

　しかし，規制されている化学物質が危険で，規制されていない化学物質が安全だと考えるのは8.3節の冒頭で述べたように間違いである。規制対象物質は，法の規制に従って使えばリスクを十分低減できるが，未規制化学物質はリスクが十分精査されておらず，リスクの低減方法が不明である。例えば，2012年に印刷業で胆管癌が多数発生していること (発症76人，死者49人) が発覚したが，規制物質の代替と考えられていた1,2-ジクロロプロパン (2013年に特定化学物質に追加) が原因であった。

　そこで，労働安全衛生法が改正されて (2023年4月および2024年に施行)，新たな化学物質規制の制度 (自律的な管理を基軸とする規制) が導入された。事業者は，有害性情報に基づいて，リスクを減らすための合理的方法を決定しなければならない。

　有害性情報としては，**SDS** (Safety Data Sheet) が製造者あるいは販売者から提供される (Webでの提供も可)。これには対象物質の性状および取り扱いに関する情報が含まれ数ページに及ぶものであるので，労働者がすぐに危険有害性を理解できるラベルとして**GHS** (Globally Harmonized System of Classification and Labelling of Chemicals) に基づく絵表示 (ピクトグラム) が国際的に使われている (図8.4)。

図 **8.4**　**GHS のおもな分類定義**
(出典：経済産業省・厚生労働省，「―GHS 対応― 化管法・安衛法・毒劇法におけるラベル表示・SDS 提供制度」をもとに作成)

　労働安全衛生法の改正により，SDS の情報などに基づくリスクアセスメントの実施が義務とされた。そのために，化学物質管理者を選任しなければならない。また，曝露濃度をなるべく低くする必要があり，保護めがね・保護手袋などの保護具の着用も義務付けられ，保護具着用管理責任者を選任しなければならない。

8.4　水の安全性

　SDGs の第 6 目標として，「安全な水とトイレを世界中に」がある。飲料水の安全性は私たちの健康維持の鍵である。

　日本では上水道の普及率が約 98％であり，水道法により水質基準が定められているため，きれいで安全な水が供給されている (3.6 節)。普及率が 90％に達した 1980 年代には，コレラ，下痢，パラチフス，腸チフスなどの感染症がほとんど発生しなくなった。水道の水をそのまま安心して飲める国は 9 か国しかないと言われ，日本はその 1 つである。

　水道水は，ろ過処理と塩素剤による消毒などで浄化されている。塩素が水中の有機物と反応して発がん性が疑われるトリハロメタンを生成するが，日本の水道水のトリハロメタンの濃度は基準値以下である。ペルーでは，90 年代初めにトリハロメタンの危険性を避けるために，水道水の塩素処理をやめた結果，80 万人のコレラ患者が発生し，7000 人が死亡した事例がある。痛ましいトレードオフであり，リスクマネジメントの失敗例である。バングラデシュでは，ため池や井形井戸の水を使っていたが，70 年代からより衛生的な管井戸に WHO などの援助により転換した。その結果，消化器系感染症による乳児死亡率が大幅に減少したが，地下水の高濃度のヒ素のために皮膚疾患や発がんなどのヒ素中毒が起きた。外国では，いまだに多くの地域で安全な水を確保できていない。

8.5　食品の安全性

　食の安全は関心が高いが，科学的見地に基づいて理解する必要がある。農林水産省や厚生労働省だけでなく，**食品安全委員会**からも科学的知見に基づき客観的かつ中立公正にリスク評価を行った情報が提供されている。

8.5.1　食品に含まれる金属

　カドミウムは，土壌中に広く存在する重金属で，日本の水田にも低濃度に広く分布している。この状況は，イタイイタイ病の高濃度のカドミウムとは

区別して考える必要がある。日本人のカドミウムの摂取量の約4割は米からである。米に含まれるカドミウムの基準値は 0.4 mg/kg で，0.3％の米が基準値を超え，平均は 0.06 mg/kg であった。基準値を超える米は買い上げられ市場に出回らない。また，カドミウムの濃度が高い地域では客土などの対策をとっている。国際連合食糧農業機関 (国連食糧農業機関ともいう。Food and Agriculture Organization of the United Nations：FAO) などにより設置された**コーデックス委員会** (Codex Alimentarius Commission：CAC) で精米について 0.4 mg/kg という基準値が定められている。他の穀物が 0.1 mg/kg であるのに比べると高い値である。これは，**ALARA** (As Low As Reasonably Achievable) **の原則**に基づいて，合理的に達成可能な範囲でできる限り低く設定すると考えられたものである。

　無機ヒ素は，米，ヒジキ，飲料水に含まれる。無機ヒ素のコーデックス委員会の精米における基準値 0.2 mg/kg と比べると，日本の米の平均含有量は 0.13 mg/kg であり，決して十分に低いわけではない。しかし，現実にヒ素が原因となって起こる皮膚がんなどが他の国より多いわけではない。お米を食べることを含めて，バランスのよい食生活を送ることが重要である。

8.5.2　残留農薬

　農薬の使用は，食料需要を満たすためにはある程度避けられないが，使用した農薬が食品中に残留することが問題となってきた。2010年前後に，冷凍食品中に農薬が混入して被害が出たり，回収することになった事件が相次いだが，これは加工の過程で故意に混入した犯罪で，**残留農薬**ではなかった。日本では，農薬取締法により登録され，食品衛生法に基づいて残留基準が定められている。従来は，毒性の強い農薬を規制する**ネガティブリスト制度**であったが，それでは毒性が調べられていない農薬を規制できない問題点があった。そこで，規制値のある農薬は規制の範囲内で使ってもよいと考え，それ以外の農薬は原則として残留を認めないという**ポジティブリスト制度**に移行した。規制値のない農薬は，0.01 ppm を基準として一律に流通が禁止される。この値を超えても実際には危険性が小さい場合も多いが，この基準値を超えたために回収が命じられて報道されることで，残留農薬が危険だという印象を与えていることには注意したい。

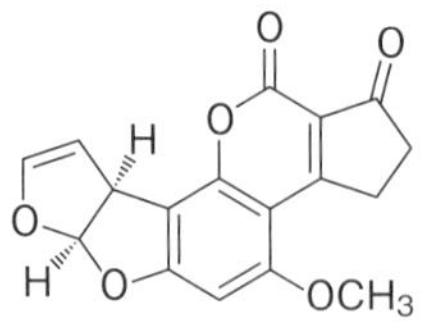

図 8.5　最も毒性の強いアフラトキシン B_1 の構造

8.5.3　食品中の発がん性物質

　食品を調理することによって発がん性物質が生じることがある。ジャガイモなどアスパラギンと炭水化物を多く含む食品をフライなど高温で加熱調理するとアクリルアミドが生成することが 2002 年に報告された。時には，数 ppm で検出されることもあり，結構高濃度である。しかし，フライドポテトは各国で規制されていない。魚肉類の焼き焦げに含まれるヘテロサイクリックアミンも発がん性があるが，ppb 以下で非常に微量である。必要以上に長時間・高温で加熱しない注意くらいでよさそうである。

　カビ毒のアフラトキシン類 (図 8.5) はピーナッツなどに含まれ，肝臓癌などを引き起こす。発がん性が強く 1 ng/kg/day の摂取であっても 10 万人に 1 人のがんが発生すると推定されており，各国で厳しく規制されている。

　食品には多くの化学物質が含まれ，それらが栄養になることもあれば，人に悪影響を及ぼすこともなくはない。アレルギーなどの理由がなければ特定の食品を避けるのではなく，バランスのよい食生活を送ることが大切である。

章末問題 8

8.1　ホルムアルデヒドの水道水の基準値を以下の条件に基づいて決めよ。
　〈前提条件〉
- ラットへの 2 年間の飲水投与実験で 15 mg/kg/day では影響がない。
- 不確実係数として，種差 10，個人差 10，入浴時などの水道水からの気化による吸入曝露による影響として 10 を考える。
- 食品からの摂取は少ないので，飲料水の寄与率を 20 ％とする。
- 体重 50 kg の人が 1 日 2 L の水を飲むと仮定する。

8.2　ベンゼンの水道水の基準値を以下の条件に基づいて決めよ。
　〈前提条件〉
- 体重 1 kg あたり毎日 1 mg のベンゼンを生涯摂取すると生涯リスクレベルが

3.5×10^{-2} である (IRIS: Integrated Risk Information System の発がんス
ロープファクタから)。
- 体重 70 kg の人が 1 日 2 L の水を飲むと仮定する。

8.3　カネミ油症事件の原因は PCB 製品であるが，原因物質は PCB 製品が混入した
食用油に含まれる何であるか調べよ。

8.4　環境省や経済産業省の Web サイトで PRTR のデータが公表されている。関心の
ある都道府県で排出量の多い上位 5 物質，関心のある事業所の届出物質を調べて，ど
のような用途に使われているのか考えよ。

章末問題の解答

1章

1.1 同一直線上で，地球から距離 D にある銀河 A，および距離 $2D$ にある銀河 B を考える。宇宙が等方的に (どの部分も同じ速さで) 膨張する場合，ある時間内に銀河 A が地球から距離 d だけ離れたとすると，同時に，銀河 B は A から距離 d だけ離れるので，地球からは $2d$ だけ離れる。したがって，銀河 A に比べて地球から倍の距離にある銀河 B は，A の 2 倍の速度で地球から離れていくことになる。また，宇宙は外の世界とのエネルギーや物質のやり取りがない閉鎖系と考えられるため，断熱膨張によって温度が下がることになる。

1.2 (1) 岩石型の惑星の現在の大気は二次原始大気から作られたが，その中にほとんど含まれていなかったため。 (2) 貴ガス元素である He はほとんど結合を作らず，揮発性の低い形態 (化合物) になることがないため。 (3) 原子量が小さいため地球の重力では抑えられず，宇宙へ散逸するため。

1.3 省略

1.4 省略

1.5 省略

1.6 発熱量は惑星の体積に依存する一方，宇宙空間への放熱率は表面積に依存する。球の場合，体積 $(4\pi r^3)$ に対する表面積 $(4\pi r^2/3)$ の割合は半径 (r) が小さいほど高くなることから，地球より半径の小さいその他の惑星では放熱率が高く，早い段階でマントル対流に必要な熱量が失われたと考えられる。なお，地球の約 8 割の半径をもつ金星では，一時マントル対流が起きたと考えられるが，現在では停止しているとみられる。

1.7 大気中 CO_2 濃度 0.027 % で pH 8.67，0.155 % で pH 7.91 となる。

河川水や海水中の炭酸水素イオン $(HCO_3{}^-)$ は，岩石の風化により地圏から定常的に供給されており，その濃度は炭酸の解離により生成するもの (条件によるが，$[HCO_3{}^-] = 10^{-5}$ mol/L 程度以下) に比べ，1000 倍程度以上高い。そのため，溶解した炭酸の解離の寄与は無視することができ，これらの pH は

$$[H^+] = k_1 k_H\ CO_2\ \text{分圧}\ /\ [HCO_3{}^-]$$

で与えられる。実際には，複雑な気候フィードバック (5 章) によって岩石の風化速度

も変化し，HCO_3^- の濃度も変化すると考えられるが，いずれにしても，このように河川水や海水の pH は炭酸水素イオンの濃度で制御されているとみなすことができる。

1.8 省略

1.9 省略

2 章 ───

2.1 次の 4 つが酸化還元反応である。

(1) 酸化剤：O_2，還元剤：S

(2) 酸化剤：HO•，還元剤：SO_2

(3) 酸化剤：SO_2，還元剤：H_2S

(5) 酸化剤：O_2，還元剤：$CaSO_3 \cdot \frac{1}{2}H_2O$

2.2 省略

2.3 炭化水素などの有機化合物は，まずヒドロキシルラジカル OH• によって酸化される (水素原子が引き抜かれてラジカルが生成する)。生成したラジカルは，さらに連鎖反応によって，酸素やヒドロキシルラジカルによって次々に酸化される。

3 章 ───

3.1 省略

3.2 450 L

3.3 外国産のミネラルウォーターには，硬度の高いものがある。

3.4 省略

4 章 ───

4.1 ① 240   ② O•   ③ O_2 ④ 290   ⑤ O_3 ⑥ ClO•   ⑦ O_2 ⑧ O•   ⑨ $ClONO_2$ ⑩ Cl_2 ⑪ HOCl   ⑫ H_2O

4.2 集積回路のパターンなどの狭い隙間にも浸透しやすくなることに加え，洗浄後の乾燥の際に滴を形成しないため。水のように集まって滴となってから蒸発すると，滴があった部分に汚れを濃縮することになるため。

4.3 (1) 分子内に水素 (H) を含むことから，対流圏で OH• による水素引き抜き反応で分解しやすく，成層圏 (オゾン層) への到達が妨げられるため。

(2) オゾン層破壊の原因物質である塩素 (Cl) を含まないため。

5 章 ───

5.1 いずれも，他の条件は変わらないとした場合の計算となる。

(1) 大気の地表放射吸収率 β が 100 ％のとき，$T_g = 291\,\mathrm{K} \fallingdotseq 18^\circ\mathrm{C}$ となる。

(2) アルベド A が 33 % のとき，$T_g = 284\,K \fallingdotseq 11°C$ となる。

5.2 約 4.3 GtC/年

年間で大気中に残留する CO_2 の物質量は

$$4.02 \times 10^{21}\,\text{L} \times 2.0 \times 10^{-6}/\text{年} \div 22.4\,\text{L/mol} = 0.36 \times 10^{15}\,\text{mol/年}$$

炭素 (原子量 12 とする) の質量にすると

$$0.36 \times 10^{15}\,\text{mol/年} \times 12\,\text{g/mol} = 4.31 \times 10^{15}\,\text{g/年}$$

したがって，約 4.3 GtC/年となる。

5.3 省略

5.4 省略

5.5 省略

6 章

6.1 省略

6.2 エネルギー損失 (%) は

エネルギー損失

$$= \frac{\text{投入されたエネルギー量} - \text{目的の形態に変換されたエネルギー量}}{\text{投入されたエネルギー量}} \times 100$$

エネルギー変換効率 (%) は

$$\text{エネルギー変換効率} = \frac{\text{目的の形態に変換されたエネルギー量}}{\text{投入されたエネルギー量}} \times 100$$

$$= 100 - \text{エネルギー損失}$$

と表すことができる。

6.3 1.35 倍

7 章

7.1 省略

7.2 省略

7.3 174 kg–CO_2

8 章

8.1 1 日あたりに許容される摂取量

$$\text{TDI} = \frac{\text{NOAEL}}{\text{不確実係数}} = \frac{15\,\text{mg/kg/day}}{10 \times 10 \times 10} = 0.015\,\text{mg/kg/day}$$

飲料水からの摂取量上限

$$\text{TDI} \times \text{寄与率} = 0.015 \times 0.2 = 0.003\,\text{mg/kg/day}$$

体重 $50\,\text{kg}$ の人が 1 日 $2\,\text{L}$ の水を飲むので,上式から得られる基準値

$$0.003\,\text{mg/kg/day} \times 50\,\text{kg} \div 2\,\text{L/day} = 0.075\,\text{mg/L}$$

なお,実際の日本の水道水基準値は $0.08\,\text{mg/L}$ である。

8.2 $1\,\text{mg/kg/day} \times 10^{-5} \div (3.5 \times 10^{-2}) \times 70\,\text{kg} \div 2\,\text{L/day} = 0.01\,\text{mg/L}$
この値が実際の日本の水道水基準値である。

8.3 当初は PCB が原因であるとされたが,その後 PCB 製品に含まれるダイオキシンが主原因であると判断された。PCB とダイオキシンの性質なども詳しく調べるとよい。

8.4 単純に物質の用途の例を調べるだけでなく,その地域あるいはその事業所で,どのような産業のために,あるいはどのような目的のために使われているか考えるとよい。

索　引

著者紹介

中村 朝夫 〈2, 3, 6, 7章〉
なか むら あさ お

1982年　東京大学大学院工学系研究科
　　　　修士課程修了
現　在　芝浦工業大学名誉教授,
　　　　博士(工学)

村 上 雅 彦 〈1, 4, 5章〉
むら かみ まさ ひこ

1990年　立教大学大学院理学研究科化学
　　　　専攻博士後期単位取得満期退学
現　在　日本大学理工学部教授,
　　　　理学博士

沖 野 龍 文 〈8章〉
おき の たつ ふみ

1993年　東京大学大学院農学系研究科
　　　　博士課程修了
現　在　北海道大学大学院地球環境科学
　　　　研究院教授, 博士(農学)

2023年 4 月28日　初 版 発 行

基礎環境化学
持続可能な社会を目指して

　　　　　　中 村 朝 夫
著　者　村 上 雅 彦
　　　　　　沖 野 龍 文
発行者　山 本　格

発 行 所　株式会社 培 風 館
東京都千代田区九段南4-3-12・郵便番号 102-8260
電 話(03)3262-5256(代表)・振 替 00140-7-44725

平文社・牧 製本

PRINTED IN JAPAN

ISBN 978-4-563-04636-1　C3043